计算机网络管理与安全技术研究

周 岩 著

H.P.H 哈尔滨出版社
HARBIN PUBLISHING HOUSE

图书在版编目（CIP）数据

计算机网络管理与安全技术研究 / 周岩著. -- 哈尔滨：哈尔滨出版社，2025. 1. -- ISBN 978-7-5484-8029-7

Ⅰ. TP393

中国国家版本馆CIP数据核字第2024H9J619号

书　　名：计算机网络管理与安全技术研究
JISUANJI WANGLUO GUANLI YU ANQUAN JISHU YANJIU

作　　者：周　岩　著
责任编辑：韩金华
封面设计：蓝博设计

出版发行：哈尔滨出版社（Harbin Publishing House）
社　　址：哈尔滨市香坊区泰山路82-9号　　邮编：150090
经　　销：全国新华书店
印　　刷：永清县晔盛亚胶印有限公司
网　　址：www.hrbcbs.com
E-mail：hrbcbs@yeah.net
编辑版权热线：（0451）87900271　87900272
销售热线：（0451）87900201　87900203

开　　本：787mm×1092mm　1/16　印张：10.25　字数：220千字
版　　次：2025年1月第1版
印　　次：2025年1月第1次印刷
书　　号：ISBN 978-7-5484-8029-7
定　　价：68.00元

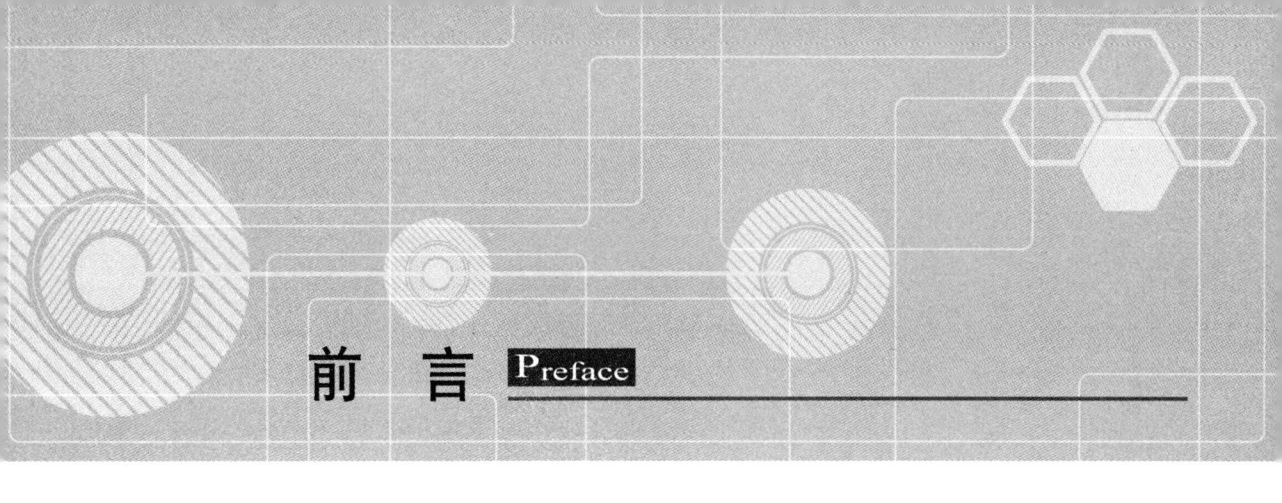

前言 Preface

随着信息技术的快速发展和互联网的普及，计算机网络管理与安全技术已成为当今数字时代至关重要的议题之一。《计算机网络管理与安全技术研究》一书的问世，正是为了深入探讨这一领域的关键问题，为读者提供系统全面的知识体系和实用技术指南。

本书作者致力于将多年来在计算机网络管理与安全领域积累的经验和研究成果进行系统总结和分享。通过对网络管理与安全的基础概念、原理、技术和应用的深入剖析，旨在帮助读者全面理解和掌握计算机网络管理与安全技术的核心内容。

首先，本书从计算机网络的基础知识入手，介绍了网络拓扑结构与通信协议，以及网络设备与技术，为后文奠定了扎实的理论基础。其次，针对网络管理领域，本书详细讨论了网络管理的概念与原则等，涵盖了网络性能管理、配置管理、性能优化、容量规划、监控与报警等方面的内容。此外，针对网络安全问题，本书对网络安全进行了概述，并介绍了身份验证与访问控制、加密与数据保护、网络入侵响应、无线网络安全、云安全与虚拟化等方面的知识，帮助读者建立起全面的网络安全意识和防护能力。同时，本书还深入探讨了网络攻防技术、软件开发与安全、网络管理工具与平台等内容，为读者提供了丰富的技术工具和解决方案。

在编写本书的过程中，笔者展望了网络管理与安全的发展趋势，为读者提供了前沿技术的洞察和应用方向，希望能够引领读者把握未来发展机遇，不断提升自身的专业水平和竞争力。

最后，笔者衷心希望《计算机网络管理与安全技术研究》一书能够成为广大读者学习、研究和实践的重要参考资料，为推动计算机网络管理与安全领域的发展作出贡献，同时欢迎读者提出宝贵意见和建议，共同促进本书内容的不断完善与更新。

目 录 Contents

第一章　导　论

第一节　研究背景与动机

一、研究背景

（一）计算机网络的普及与发展

随着信息技术的飞速发展，计算机网络已经成为信息社会的基础设施之一。从个人用户到企业组织，几乎所有的信息交流都离不开计算机网络。在过去的几十年里，计算机网络已经从最初的局域网和广域网发展成为全球性的互联网络，人们通过计算机网络可以在世界范围内进行实时的通信和信息交流。特别是随着互联网的普及和移动互联网的迅猛发展，计算机网络的普及程度进一步提高，网络覆盖的范围也更加广泛。如今，人们已经习惯了通过互联网进行在线购物、社交娱乐、学习工作等各种活动，计算机网络已经成为现代社会生活中不可或缺的一部分。

互联网的普及和移动互联网的发展是推动计算机网络普及的主要驱动力之一。随着移动互联网技术的不断创新和应用，人们可以随时随地通过手机、平板电脑等移动设备接入互联网，享受到丰富的网络资源和服务。这种便捷的网络接入方式极大地方便了人们的生活和工作，也进一步促进了计算机网络的普及。无论是个人用户还是企业组织，都可以通过移动互联网实现信息的即时传递和资源的共享，这使得信息交流更加便捷高效。

计算机网络的普及也得益于计算机技术的不断进步和成本的不断降低。随着计算机硬件技术的不断创新和软件应用的日益丰富，计算机设备的性能不断提升，成本不断降低，更多的人能够轻松地拥有和使用计算机设备。这为计算机网络的普及提供了坚实的技术基础和物质基础，也为网络应用和服务的发展提供了更广阔的空间。

（二）网络管理与安全问题的日益突出

随着计算机网络规模的不断扩大和应用范围的不断扩展，网络管理和安全问题已成为当今信息社会中备受关注的焦点。网络管理涉及对网络设备、资源和性能的监控、配置和优化，以确保网络的高效运行和稳定性。与此同时，网络安全问题涉及网络系统的信息安全、数据完整性和用户隐私保护，其重要性不言而喻。这两个领域的日益突出的问题不仅对个人用户的网络体验构成挑战，也对企业组织的信息资产和商业运作带来了重大影响。

现代计算机网络不仅仅是一些简单的局域网或广域网，而是由数以千计甚至数以百万计的网络设备组成的复杂系统。这些设备包括路由器、交换机、防火墙、服务器等，它们的数量庞大、种类繁多，需要进行统一管理和协调。网络管理人员需要监控网络流量、识别和解决故障、优化网络性能，这对其技术能力和管理水平提出了更高的要求。

随着网络攻击手段的不断升级和网络犯罪活动的增多，网络安全已成为各个单位和个人面临的重要挑战。网络黑客通过各种手段入侵系统、窃取信息，网络病毒和恶意软件对系统造成破坏，网络钓鱼和网络诈骗威胁着用户的隐私和财产安全。因此，建立健全的网络安全体系、加强网络安全防护成为当前迫切需要解决的问题。

良好的网络管理不仅可以提高网络的运行效率和稳定性，还可以为网络安全提供基础保障。通过及时发现和处理网络故障，及时更新和升级网络设备和软件，可以降低网络受到攻击的风险。而网络安全问题的存在也会影响到网络的管理和运行，网络管理员需要加强对安全事件的监测和响应，采取相应的安全措施来保护网络资源和用户数据的安全。

二、研究动机

（一）挑战与机遇并存的网络管理

1. 网络管理的挑战

随着计算机网络规模的不断扩大和拓扑结构的日益复杂化，传统的网络管理方式已无法满足日益增长的管理需求。网络管理人员面临着诸多挑战，包括网络设备的管理、网络性能的优化、网络流量的监控等。管理大规模网络所需的人力、物力和时间成本巨大，我们需要寻求更加高效的管理方法和工具。

2. 网络管理的机遇

新技术的兴起为网络管理带来了新的机遇。云计算、大数据、物联网等新技术的普及和应用为网络管理提供了更多的数据来源和管理手段。例如，基于大数据分析的网络管理可以更准确地预测网络故障和优化网络性能，而云计算技术可以提供弹性资源和灵活的网络管理方案。

（二）日益严峻的网络安全威胁

1. 网络安全的挑战

网络安全威胁日益严峻，网络攻击手段不断演变，攻击手段多样化，攻击目标广泛。

网络黑客通过各种手段入侵系统、窃取信息，网络病毒和恶意软件对系统造成破坏，网络钓鱼和网络诈骗威胁着用户的隐私和财产安全。传统的安全防护手段已经无法满足对抗新型网络攻击的需求。

2. 网络安全的机遇

网络安全技术的不断发展为解决网络安全问题提供了新的机遇。人工智能、区块链、密码学等新技术的应用为网络安全提供了新的解决方案。例如，基于人工智能的入侵检测系统可以更快速地发现和应对网络攻击，而区块链技术可以提供分布式的安全管理机制，保护网络数据的安全和完整性。

第二节 研究目的与问题陈述

一、目标确定

在本研究中，我们将从以下三个方面深入探索计算机网络管理与安全技术领域的关键问题，以有效地应对日益复杂和严峻的网络管理与安全挑战。

（一）系统分析网络管理与安全的基础理论和实践经验

网络管理与安全的基础理论和实践经验是推动这一领域不断发展的关键。网络管理涉及诸多方面，包括基本原理、网络拓扑结构、通信协议等。在网络管理中，了解网络拓扑结构对于设计和维护网络具有重要意义，同时通信协议的选择和配置也直接影响网络性能和可靠性。网络管理的基本原理包括监控、配置、故障诊断和性能优化等方面，通过合理运用这些原理，我们可以提高网络运行效率。

另外，网络安全作为网络管理领域中不可忽视的重要部分，包含了基本概念、攻击类型和防御策略等内容。理解网络安全的基本概念是保护网络资源免受未经授权的访问和恶意攻击的关键，而对不同类型的攻击方式如漏洞利用、病毒和勒索软件等的了解，有助于制定相应的防御策略。网络安全的实践经验是通过处理各种网络安全事件和问题积累起来的实践智慧，在不断的挑战和危机中不断提升。

系统分析网络管理与安全的基础理论和实践经验，有助于研究者全面了解该领域的重要概念和原则。深入研究网络管理与安全的基础理论，可以帮助我们更好地应对复杂的网络环境和问题，指导我们在实践中取得更好的效果。同时，总结实践经验也能够帮助我们在面对实际挑战时做出明智的决策和应对措施，为构建安全、稳定的网络环境提供指导和支持。总而言之，系统分析网络管理与安全的基础理论和实践经验是推动该领域不断前行和创新的关键步骤，有助于推动学术研究和实践进一步发展。

（二）深入研究网络管理原理和性能配置

深入研究网络管理的原理和性能配置是网络管理领域中至关重要的课题。在网络管理中，能够有效地监控网络性能、进行配置管理和进行容量规划是保障网络正常运行和提升效率的关键环节。网络性能监控涉及对网络中各种设备和资源的实时状态进行监测和评估，以及通过收集数据进行趋势分析和问题排查。配置管理则是指对网络设备的配置进行规范化、统一化，确保网络设备之间的协调配合和稳定运行。而容量规划则是根据网络的需求和预期，合理安排和管理网络资源，确保网络在高负载时依然能够正常运行。

深入研究网络管理的原理和性能配置还包括探讨不同的网络管理策略，从而更好地理解其优劣势及适用场景。例如，采用基于主动监控的策略可以帮助管理员及时发现问题并做出相应处理，但也可能造成额外的网络负担；而基于事件驱动的管理策略则更加灵活，但也需要相应的响应机制来处理突发事件。通过对不同策略的分析和比较，我们能够为网络管理人员提供更多选择，并指导其在实践中做出合适的决策。

通过深入研究网络管理原理和性能配置，我们可以为网络管理人员提供更为有效的管理方法和工具。通过科学的研究和实践经验的总结，网络管理人员可以更好地理解网络管理的复杂性，提高网络运行的稳定性和效率。这不仅有利于优化网络管理流程，还能够提高整个组织的生产效率和竞争力。

（三）研究网络安全的基本概念和技术

深入研究网络安全的基本概念和技术对于保护网络免受未经授权访问和恶意攻击具有重要意义。其中，身份验证是网络安全中的关键环节之一，通过身份验证我们可以确认用户的身份，并控制其访问网络资源的权限。常见的身份验证方式包括密码、生物特征认证、多因素认证等。在访问控制方面，通过精细的控制策略和权限管理，我们可以限制用户在网络中的活动范围和访问权限，从而提高网络的安全性和保密性。

加密与数据保护是网络安全中的另一个重要方向。通过加密技术，我们可以将敏感信息转化为密文，在互联网上的传输和存储过程中起到保护数据隐私和完整性的作用。常见的加密算法包括对称加密算法和非对称加密算法等。此外，数据保护还包括备份和灾难恢复等措施，以确保数据在遭受破坏或丢失时能够及时恢复。

针对当前网络安全面临的新挑战和威胁，研究者还需关注最新的安全防护技术和方法。这包括入侵检测和入侵防御系统，以及应对恶意软件、社交工程和网络钓鱼等攻击手段的安全策略。随着技术的不断发展，人工智能、机器学习和大数据分析等技术也被广泛用于网络安全领域，用于检测和预防网络攻击。

二、需要解决的核心问题

在研究计算机网络管理与安全技术的过程中，我们需要重点解决几个核心问题，这些问题直接关系到网络管理与安全技术的实际应用和有效性。

（一）有效的网络管理是保障计算机网络稳定运行的基础

在现代计算机网络中，网络管理是确保网络稳定运行的关键。随着网络规模的扩大和复杂性的增加，有效的网络管理变得尤为重要。网络管理涉及多个方面，其中网络性能管理、配置管理和网络容量规划是保障网络稳定运行的基础。

首先，网络性能管理是关注网络性能，并通过实时监控和分析来确保网络运行良好的一项重要任务。通过使用性能监测工具和技术，我们可以及时发现网络中的性能瓶颈、拥堵和故障，并采取相应的措施进行修复，从而提高网络的可靠性和性能。

其次，配置管理是对网络设备和服务进行统一管理和配置的过程。通过良好的配置管理实践，网络管理员可以确保网络设备之间的协调配合和稳定运行。合理的配置管理可以提高网络的安全性、可维护性和可伸缩性，从而降低维护成本并减少潜在的配置错误和漏洞。

最后，网络容量规划是根据网络需求和资源利用情况，合理安排网络资源和带宽分配的过程。通过对网络容量的规划和管理，我们可以预测和满足网络流量的需求，避免网络拥塞和性能下降。同时，网络容量规划还可以优化网络资源的利用，提高网络的整体效率和性能。有效的网络管理不仅可以确保网络的稳定运行，还能提高网络的可用性和灵活性，进一步改善用户体验和工作效率。通过采用先进的网络管理工具和技术，我们可以实现自动化的网络管理和配置，从而降低管理成本，提高网络管理的效率和精度。

（二）构建健全的网络安全体系是确保计算机网络安全的关键

在当前信息化社会，构建健全的网络安全体系是确保计算机网络安全的关键。面对日益严峻的网络攻击和数据泄露风险，我们只有通过建立完善的安全机制，才能有效保护网络中的信息和数据安全，防止未经授权的访问和恶意攻击。

身份验证是网络安全体系中的基础环节之一。通过身份验证，我们可以确认用户的身份并限制其对网络资源的访问权限。不同的身份验证机制包括基于密码、生物特征认证、多因素认证等，我们可以根据具体的应用场景和安全要求选择合适的方式。

访问控制是网络安全体系的核心部分，通过精细的控制策略和权限管理，我们可以限制用户在网络中的活动范围和访问权限。常见的访问控制技术包括基于角色的访问控制（RBAC）、基于策略的访问控制（PBAC）等，我们可以根据不同的条件和要求来实现对网络资源的保护。

加密与数据保护是网络安全体系中的另一个重要方向，通过使用加密技术我们可以将敏感信息转化为密文，在数据传输和存储过程中起到保护数据隐私和完整性的作用。常见的加密算法包括对称加密算法和非对称加密算法等。此外，数据备份和灾难恢复也是保护数据安全的重要手段，我们能够在数据遭受破坏或丢失时进行及时恢复。

构建健全的网络安全体系还需要关注如何应对不断变化的网络威胁。传统的安全防护手段已经无法满足当前复杂多变的网络环境，因此，我们需要不断更新和升级安全策略和技术手段，加强对网络流量和数据的监测和分析，以及建立起多层次、全方位的安全防护体系。

第三节　研究方法与数据来源

一、研究方法概述

（一）文献调研

文献调研在网络管理与安全领域研究中扮演着重要的角色。通过对学术期刊、会议论文和专业书籍等资源的搜集和分析，研究者可以全面了解该领域的研究现状、前沿技术和理论基础，为未来的研究提供坚实的理论支持和参考依据。网络管理与安全作为当代信息技术领域的热点问题，其重要性日益凸显。在不断发展的网络环境下，网络管理旨在确保网络资源高效利用和系统正常运行，而网络安全则着重于保护网络免受各种威胁和攻击。文献调研可以帮助研究者掌握当前网络管理与安全领域的最新研究成果和趋势，促使他们深入思考如何解决网络管理中的挑战与问题，如何提升网络安全防御与响应能力。通过对文献的综合分析，研究者可以发现网络管理中的关键技术、经验教训及未来发展方向；对网络安全问题的深入研究也将为构建安全可靠的网络环境提供重要参考。

（二）案例分析

案例分析在网络管理与安全领域的研究中扮演着至关重要的角色。通过对具有代表性的实际案例进行深入研究和分析，研究者可以从中挖掘出关键问题、挑战及有效的解决方案，为实践应用提供宝贵经验和指导意见。选择适当的网络管理与安全案例进行分析，不仅能够帮助研究者更好地理解技术在实际场景中的应用，还能够启发他们针对现实问题提出创新解决方案。通过深入研究案例，研究者可以深刻领悟网络管理与安全领域的核心概念和原则，加深对技术实施和成果评估的认识。同时，案例分析也可以帮助研究者了解不同情境下技术应用的适用性和局限性，促使他们思考如何在复杂多变的网络环境中做出正确决策。

（三）实证研究

实证研究在网络管理与安全领域的研究中具有重要意义。通过采用实验、调查等方法获取数据，研究者可以验证理论假设和研究结论的有效性和可靠性。在网络管理与安全技术的实际应用中，实证研究可以帮助我们更好地了解技术的效果、应用条件和操作要点，从而提供科学的决策依据和指导建议。

在实证研究中，我们将通过调查和实验的方式收集相关数据。调查是一种收集和分析观察对象特征和观点的方法，我们将设计问卷、访谈或观察等工具，以获取网络管理与安全技术在实际应用中的相关信息。通过调查，我们可以了解不同实施场景下技术的应用情况、用户满意度、存在的问题及改进需求等。同时，实验是一种通过控制变量来

观察、衡量因果关系的方法，我们将设计合适的实验环境和实验评估指标，对网络管理与安全技术的效果进行客观的评估和验证。

实证研究旨在通过数据的收集和分析来验证研究假设，并最终得出科学的结论和建议。通过运用统计分析方法，如描述统计、t 检验、方差分析等，我们可以量化数据，从中发现规律和趋势。根据所得结论，我们可以为网络管理人员和相关从业人员提供科学的建议和决策支持，进一步提高网络系统的管理效率和安全性。

二、数据收集与分析方法

（一）数据来源

数据来源对于网络管理与安全领域的研究具有至关重要的作用。主要数据来源包括相关文献、标准规范、行业报告及实际案例等多个方面。首先，文献资料是研究人员获取理论基础和了解研究现状的重要途径。学术期刊、会议论文和专业书籍等文献资源提供了丰富的研究成果和理论框架，帮助研究者把握领域内最新的发展动态和前沿技术。

其次，标准规范也是非常重要的数据来源之一。各行业组织或标准化机构发布的网络管理与安全标准具有权威性和可参考性，为研究提供了规范和指导，有助于确保研究工作符合行业标准，并提高研究结果的可信度。

再次，行业报告也是研究中不可或缺的数据来源之一。这些报告对网络管理与安全技术的发展趋势、应用现状和市场需求进行了概括性描述，为研究者提供了宝贵的行业背景和数据支撑。通过分析行业报告，研究者可以更好地把握行业的发展动向，指导研究方向的选择和调整，从而更好地满足市场需求。

最后，实际案例也是非常有价值的数据来源之一。从实践中提取的具体问题和解决方案能够为研究者提供具体的操作指导和实用经验，有助于将理论知识转化为实际行动。通过分析实际案例，研究者可以更好地了解技术在实际环境中的应用情况和效果，为研究提供宝贵的实践参考和指导建议。

（二）数据收集与分析方法

数据的收集与分析方法在网络管理与安全领域的研究中具有关键性作用。为了获取准确而可靠的数据支撑，研究者常采用多种方法进行数据的收集和分析。首先，文献检索是一种重要的数据收集方法。通过使用学术搜索引擎和数据库，研究者可以查找并收集到网络管理与安全领域的相关文献资料，这些资料对于建立研究基础、理解研究现状至关重要。

其次，调查问卷也是一种常用的数据收集方法。设计针对网络管理与安全人员的调查问卷，可以帮助研究者获取他们的实际需求、看法和反馈意见，从而更好地了解实际问题和挑战。通过问卷调查，研究者可以获取大量的定量数据，为后续的分析提供重要依据。

最后，实地观察也是获取数据的一种有效手段。通过对网络管理与安全技术在实际应用中的情况进行观察和记录，研究者可以直观了解技术的实际运行情况、存在的问题和应用场景，为研究提供宝贵的实践经验和案例支持。

数据分析方法主要包括定性分析和定量分析两种。定性分析是对文献资料和案例进行归纳总结、提炼关键问题和解决方案等，以揭示内在规律和趋势；而定量分析则通过统计分析方法对调查问卷和实验数据进行处理，获取相关指标和数据特征，从数量化的角度验证假设和推断结论。这两种分析方法相辅相成，在不同层面上丰富了数据分析的结果和结论。

第二章 计算机网络基础

第一节 计算机网络概述

一、计算机网络的概念

计算机网络是一种利用通信设备和通信链路或通信网络将位置不同、功能自治的计算机系统连接起来的系统。在计算机网络中，各个计算机系统之间可以进行信息交换和资源共享，以及通过一定的规则和协议进行数据传输和通信。计算机网络的核心目标是实现计算机之间的互联互通，使得用户可以方便地访问远程资源、进行远程通信和协同工作。

计算机网络的概念可以简单概括为互联的、自治的计算机系统的集合。这些计算机系统可以是各种不同类型的设备，包括个人计算机、服务器、路由器、交换机、移动设备等。它们通过通信设备和通信链路相连，形成一个网络结构，共同构建起一个覆盖范围广泛的计算机系统集群。

计算机网络的发展和应用已经深刻地改变了人们的生活和工作方式。通过计算机网络，人们可以轻松地进行在线购物、社交交流、远程办公、在线学习等活动。同时，计算机网络也为各行各业的信息化和数字化提供了基础设施和支撑平台，推动了社会经济的发展和进步。

二、计算机网络的发展史

计算机网络经历了：

（一）诞生阶段（20 世纪 60 年代中期）

在计算机网络的诞生阶段，主要是以单个计算机为中心的远程联机系统。这个阶段的关键特征是计算机系统之间的连接是非常有限的，主要是通过电话线或专用线路进行点对点的连接。典型的代表是美国的 SAGE 系统（半自动地面防空系统），它是一个用于军事用途的远程监视和控制系统，由多个分布在全国各地的计算机系统通过通信线路连接起来，但它们之间的交互性和网络性质较弱。

（二）形成阶段（20 世纪 60 年代中期至 70 年代）

在这个阶段，计算机网络开始向着多个主机通过通信线路互联起来的具有独立功能的计算机集合体发展。1969 年，美国国防部的 ARPA（高级研究计划局）启动了 ARPANET 项目，这标志着计算机网络从点对点的远程联机系统向真正的网络发展。ARPANET 采用分组交换技术，通过建立分组交换节点（路由器）将多个计算机连接在一起，实现了分布式的信息交换和资源共享。

（三）互联互通阶段（20 世纪 70 年代末至 90 年代）

20 世纪 70 年代末至 90 年代，计算机网络进入了互联互通的阶段，其具有统一的网络体系结构并遵循国际标准的开放式和标准化的网络。这个阶段的标志性事件是 TCP/IP 协议的广泛应用，它成为全球计算机网络的通信标准，促进了不同网络之间的互联互通。除了 ARPANET 之外，还出现了其他的计算机网络，如 BITNET、CSNET 等，从而构建起了一个庞大而复杂的全球网络体系。

（四）高速网络技术阶段（20 世纪 90 年代末至今）

20 世纪 90 年代末至今，计算机网络进入了高速网络技术阶段。随着 Internet 的快速发展，互联网已经成为全球范围内最大的计算机网络。除了互联网之外，还涌现出了多媒体网络、智能网络等新型网络。高速网络技术的发展使得信息传输速度大幅提升，网络带宽和吞吐量不断增加，网络服务质量得到了显著改善，为各种网络应用提供了更强大的支持和基础。

三、计算机网络的功能

计算机网络有很多用处，其中最重要的三个功能是:数据通信、资源共享、分布处理。

（一）数据通信

数据通信是计算机网络最基本的功能之一，它涉及快速传送计算机与终端、计算机与计算机之间的各种信息。这些信息可以是文字信件、新闻消息、咨询信息、图片资料、报纸版面等。通过数据通信，用户可以在全球范围内快速传输信息，实现远程通信和信息交流。这种功能使得人们可以实时地分享信息、进行远程工作和协作，从而提高工作效率和便利性。

数据通信功能的实现需要依靠网络中的各种通信设备和通信链路，以及网络协议的支持。通过建立有效的通信连接，数据可以在不同的网络节点之间进行传输和交换，实现信息的传递和共享。在当今信息社会，数据通信已经成为计算机网络的核心功能之一，支撑着各种应用场景和业务需求的实现。

（二）资源共享

资源共享是计算机网络的另一个重要功能，它涉及网络中所有的软件、硬件和数据资源。通过网络，这些资源可以在不同的地区或单位之间进行共享，使得用户能够部分或全部地享受这些资源。例如，某些地区或单位的数据库可以供全网使用，某些单位设计的软件可以供需要的地方调用，一些外部设备如打印机也可以面向用户共享。

资源共享的实现可以大大降低系统的投资费用，提高资源利用率，从而为用户提供更加经济高效的服务。同时，资源共享也促进了信息的流通和共享，加强了不同地区和单位之间的合作和交流。通过共享网络资源，用户可以获得更多的服务和支持，从而提升工作效率和质量。

（三）分布处理

分布处理是计算机网络的又一重要功能，它涉及将任务分配给网络中的不同计算机来处理。当某台计算机负担过重或正在处理某项工作时，网络可以将新任务转交给空闲的计算机来完成，从而实现计算机负载均衡，提高处理问题的实时性。

此外，对于大型综合性问题，网络可以将问题的各个部分交给不同的计算机分头处理，充分利用网络资源，扩大计算机的处理能力，增强实用性。通过分布处理，多台计算机可以联合使用，构成高性能的计算机体系，实现协同工作和并行处理，比单独购置高性能的大型计算机更为经济高效。

四、计算机网络的分类

（一）按地理范围分类

计算机网络按照其覆盖的地理范围可分为局域网（LAN）、广域网（WAN）、城域网（MAN）及全球性的互联网（Internet）。这种分类方法基于网络的范围和覆盖区域，对不同规模和范围的网络进行了划分和描述，以便更好地理解和管理网络系统。

1. 局域网（LAN）

局域网是指连接在相对较小范围内的计算机和网络设备组成的网络。它覆盖的范围通常从几米到数千米，适用于办公室、实验室、学校、企业等场所内部的网络连接。局域网提供了高速数据传输和资源共享的功能，例如，用户可以共享打印机、文件和数据库等资源。典型的局域网拓扑结构包括星型、总线型、环型等，它们能够满足不同场景下的网络需求。

2. 广域网（WAN）

广域网是覆盖范围更广的网络，通常跨越几十千米到几千千米，甚至跨越国家、地区或洲际。广域网连接着各种局域网和城域网，构成了一个覆盖范围更广的远程通信网络。在广域网中，数据传输速度较慢，但覆盖范围更广，可实现远程办公、远程教育、远程医疗等应用。典型的广域网包括中国数字数据网（China DDN）和公共交换数据网（PSDN）等。

3. 城域网（MAN）

城域网是介于局域网和广域网之间的一种网络类型，其覆盖范围在几十千米，一般覆盖一个城市的范围。城域网通常用于连接城市内的多个局域网，提供高速数据传输和资源共享服务。城域网在城市范围内提供了快速、可靠的数据通信，支持城市内的各种应用场景，如智慧城市、交通管理、环境监测等。

4. 互联网（Internet）

互联网是全球性的计算机网络系统，是由各种局域网、城域网和广域网相互连接而成的巨大网络。互联网通过标准的通信协议和技术连接着全球范围内的数十亿台计算机和网络设备，为用户提供了丰富的信息资源和服务。互联网的出现极大地促进了信息的传播和共享，推动了全球经济和社会的发展。

（二）按传输介质分类

传输介质在计算机网络中扮演着连接和传输数据的重要角色，它们是网络连接的通信线路，直接影响着网络的速度、带宽、可靠性和成本。根据传输介质的不同类型，网络可以被分类为同轴电缆网、双绞线网、光纤网、卫星网和无线网。

1. 同轴电缆网

同轴电缆是一种常用于传输信号和数据的通信介质，其结构由内部的铜导线、绝缘层和外部的金属屏蔽层组成。这种电缆的设计使其具有多种优点，包括传输距离远、带宽大及强大的抗干扰素力。由于同轴电缆内部的铜导线可以有效地传输信号，而外部的金属屏蔽层可以防止外界干扰的影响，因此同轴电缆在通信领域得到了广泛应用。

（1）同轴电缆适用于长距离传输

由于其内部导线和屏蔽层的设计，同轴电缆能够在较长的距离内传输信号而不损失信号质量。这使得它在大型网络环境中得到了广泛应用，例如电视有线传输和长距离局域网连接。

（2）同轴电缆具有较大的带宽

带宽是指能够传输的数据量大小，同轴电缆由于其结构的特点，能够支持较大的带宽需求。这使得它成为高带宽网络环境的理想选择，例如需要传输大量数据的网络应用场景。

（3）同轴电缆具有良好的抗干扰素力

外部的金属屏蔽层可以有效地防止外界干扰信号的干扰，保障数据传输的稳定性和可靠性。这使得同轴电缆网络在复杂的电磁环境中表现出色，适用于各种工业和商业应用场景。

2. 双绞线网

双绞线网络是一种常见的网络连接技术，其特点在于成对的电缆结构，其中的两根导线被绕成一对，以减少外界干扰和噪声对数据传输的影响。这种网络技术具有多项优点，这使其在各种场景下得到广泛应用。

（1）双绞线网络的成本相对较低

由于双绞线是一种常见的通信介质，其制造成本相对较低，这使得双绞线网络在各种规模的网络部署中具有经济实惠的优势。无论是家庭网络、办公室网络还是大型企业的通信系统，都可以采用双绞线技术，以满足各种通信需求。

（2）双绞线网络的安装相对简便

双绞线的结构设计使得其安装过程相对简单快捷，无论是室内布线还是室外敷设，都可以较为容易地完成。这使得双绞线网络在各种环境中都能够快速部署，为用户提供快捷便利的网络连接服务。

（3）双绞线网络适用于短距离传输和大规模部署

由于其结构特点和传输性能，双绞线网络特别适用于短距离数据传输，例如家庭网络和小型办公室网络。同时，双绞线网络也可以应用于大规模的网络部署，例如电话系统和企业级局域网，以满足大量用户的通信需求。

3. 光纤网

光纤网络是一种基于光学原理传输数据的高速通信技术，具有许多优点，这使其在各种环境中得到广泛应用。光纤是一种由玻璃或塑料制成的细长介质，能够通过光信号的方式传输数据。

（1）光纤网络具有高带宽的特点

光纤的传输带宽远远超过了传统的电缆和导线，可以达到几十 Gbps 甚至更高的传输速率。这种高带宽使得光纤网络能够同时传输大量的数据流，适用于高速数据通信和大规模数据传输。

（2）光纤网络具有低损耗的优势

相比于铜线等传统介质，光纤的信号传输损耗更低，能够在长距离传输过程中保持信号的稳定性和可靠性。这使得光纤网络适用于需要长距离传输的场景，如城域网和广域网。

（3）光纤网络具有强大的抗干扰素力

光信号在光纤中传输时不易受到外界电磁干扰的影响，能够保持信号的稳定性和一致性。这使得光纤网络在电磁环境复杂、干扰频繁的环境中表现出色，适用于工业控制系统、医疗设备等对通信稳定性要求较高的领域。

由于这些优势，光纤网络被广泛应用于各种环境中。在城域网和广域网中，光纤网络能够实现长距离高速数据传输，满足企业和机构对通信带宽和稳定性的需求。在数据中心中，光纤网络可以连接大量的服务器和存储设备，支持数据中心内部的高速数据交换和互联互通。

4. 卫星网

卫星网络是一种利用卫星进行数据传输的通信网络，具有独特的优势和广泛的应用场景。该网络利用位于地球轨道上的卫星作为中继器，将信号从发送端传输到接收端，具有覆盖范围广、通信距离远的特点，为偏远地区和移动通信提供了有效的解决方案。

（1）卫星网络具有广泛的覆盖范围

由于卫星可以在地球的轨道上环绕运行，因此卫星网络可以实现全球性的覆盖，无论是在陆地、海洋还是空中，都能够提供稳定的通信服务。这种广泛的覆盖范围使得卫星网络成为连接偏远地区和无法铺设有线通信设施的地方的有效手段。

（2）卫星网络具有通信距离远的优势

传统的有线通信网络受限于地面设施的布设范围和通信距离，而卫星网络可以将信号从地面发送到位于上空的卫星，再通过卫星将信号传输到地球上的任何地方。这种长距离的通信能力使得卫星网络成为连接距离遥远的地区及移动通信设备的首选方案。

（3）卫星网络还具有高度的可靠性和稳定性

由于卫星位于地球轨道上，并且在空间中运行，不易受到地面自然灾害和人为破坏的影响，因此卫星网络能够提供稳定、持续的通信服务。这种可靠性使得卫星网络成为军事通信、航空航天等领域的重要通信基础设施。

5. 无线网

无线网络是一种利用无线电波进行数据传输的通信网络，它是现代通信技术的重要组成部分，包括 WiFi、蓝牙、蜂窝网络等多种形式。相比有线网络，无线网络具有许多独特的优势，这使其在各种场景下得到了广泛应用。

（1）无线网络具有高度的灵活性

由于无线网络不受物理线缆的限制，设备之间的连接更加灵活自由，可以随时随地进行通信。这种灵活性使得无线网络特别适用于移动设备，如智能手机、平板电脑和笔记本电脑等，用户可以随时随地与网络进行连接，享受便捷的通信服务。

（2）无线网络具有便携性强的优点

由于无线设备不需要通过有线连接，因此可以轻松携带和移动，这使得网络接入更加便捷和灵活。这种便携性使得无线网络成为移动办公、户外活动和临时场所网络接入的首选方案，极大地提升了用户的工作效率和生活便利性。

（3）无线网络还具有较强的扩展性和覆盖范围

通过增加无线网络设备或者改善信号覆盖范围，我们可以轻松扩展网络覆盖范围，满足不同场景下的通信需求。这种灵活的扩展性使得无线网络能够适应不同规模和复杂度的网络环境，为各种应用场景提供了可靠的通信支持。

（三）按带宽速率分类

1. 基带网（窄带网）

基带网是指传输速率相对较低的网络，其主要特点是传输速率较低、带宽有限，适用于传输低密度、低速率的数据流。这类网络通常用于传输简单的数据，如电话信号和低分辨率的视频流。基带网的分类主要基于其传输速率和带宽大小，通常可以分为以下几类：

（1）电话网络

电话网络是基带网的一种典型形式，其传输速率一般在几千 bps 到几十 kbps。电话网络主要用于语音通信，采用模拟信号传输。虽然电话网络传输速率较低，但在长期以来其一直是人们日常通信的重要方式之一。

（2）传统调制解调器

传统调制解调器也属于基带网的一种，其传输速率通常在几 kbps 到几百 kbps。传统调制解调器通过电话线路传输数据，用于在家庭和办公场所进行简单的互联网访问和数据传输。

（3）低速局域网

低速局域网是指传输速率在几 Mbps 到几十 Mbps 的局域网。这类网络通常用于小型企业、学校和家庭等场所，用于实现简单的局域网连接和资源共享。

基带网的特点是传输速率较低、带宽有限，适用于传输简单的数据流。随着网络技术的不断发展，基带网逐渐被宽带网所取代，但其在某些特定场景下仍然具有一定的应用价值。

2. 宽带网

宽带网是指传输速率较高、带宽较宽的网络，能够同时传输多种类型的数据，如高清视频、大容量文件等。根据传输速率的不同，宽带网可以进一步分为低速网、中速网和高速网：

（1）低速宽带网

低速宽带网的传输速率通常在几 Mbps 到几十 Mbps，适用于一般家庭和小型企业的网络需求。典型的低速宽带网包括 ADSL（非对称数字用户线路）等，用于提供家庭宽带上网服务。

（2）中速宽带网

中速宽带网的传输速率在几十 Mbps 到几百 Mbps，适用于中等规模的企业和学校网络。这类网络通常用于校园网、中小型企业的局域网等场所，提供较高速度和带宽的数据传输服务。

（3）高速宽带网

高速宽带网的传输速率在几百 Mbps 到几百 Gbps，适用于大型企业、数据中心、云计算等对网络速度和带宽要求较高的场景。典型的高速宽带网包括高速以太网、光纤网络等，能够实现高速、稳定的数据传输和通信服务。

宽带网的出现极大地提升了网络传输速率和带宽，为用户提供了更加丰富和高效的网络体验。随着技术的不断进步，宽带网将继续发挥重要作用，推动网络通信领域的发展和创新。

五、计算机网络的现状

（一）网络安全问题

计算机网络作为当代信息社会的重要基础设施，扮演着信息传输、存储和共享的关键角色。然而，随着网络技术的迅猛发展，网络安全问题也日益突出。信息泄密、网络病毒、垃圾邮件等安全威胁不断涌现，严重影响了网络的正常运行和用户的日常生活。这些安全问题不仅造成了经济损失，还可能导致用户个人隐私泄露、商业机密泄露等严重后果。

尽管针对网络安全问题，人们已经提出了多种解决方案和技术，如防火墙、入侵检测系统（IDS）、网络加密技术（如 S-HTTP、SSL/TSL）等。然而，当前的安全措施仍然无法完全解决网络安全问题。这主要是因为网络攻击手段不断翻新，黑客、病毒作者等网络犯罪分子在不断挑战网络安全的底线，给网络安全形势带来了严峻挑战。

（二）服务多样化需求

随着社会的不断发展和人们生活水平的提高，人们对网络服务的需求也日益呈现多样化的趋势。传统的网络服务模式已经逐渐无法满足人们的个性化需求，而新兴的网络应用场景和服务形式正不断涌现，网络需求因此变得更加快速、灵活、高效和动态。

传统网络主要关注于实现互联、互通和互操作等基本功能，然而，现今社会对网络的需求已经不再局限于简单的信息传输和数据交换。人们对网络服务的需求更加多元化，涵盖了视频点播、在线教育、远程医疗、智能家居等各个领域。这些新兴的网络服务形式不仅对网络的性能和稳定性提出了更高的要求，还要求网络能够支持更多样化、实时化的数据传输和处理。

为了满足这种多样化的网络服务需求，我们需要不断推动网络技术的创新和发展。首先，我们需要加强网络基础设施建设，包括提升网络带宽、加强网络覆盖、优化网络拓扑结构等方面，以确保网络能够承载更多、更复杂的服务。其次，我们需要进一步优化网络资源配置，提高网络资源利用效率，确保网络能够更加高效地满足各种服务需求。此外，我们还需要加强网络安全保障，保护用户的隐私和数据安全，确保网络服务的可靠性和安全性。

（三）资源控制和服务质量

1. 资源控制问题的现状

当前，计算机网络的资源控制能力不足是一个十分严重的问题，特别是在网络高负载情况下。在大量用户同时访问网络或网络流量突增的情况下，网络往往无法有效管理和调度资源，导致各种复杂功能的运行受到严重影响。尤其是在实时多媒体应用系统等对服务质量要求较高的场景下，网络资源的不足会导致延迟、丢包等问题，影响用户体验和服务的可靠性。

尽管我们已经提出了一些解决方案，如流量工程、IntServ 模型（Integrated Services,

集成服务模型）、DiffServ 模型（Differentiated Services，区分服务模型）等，但这些方案在实际应用中仍然存在一定的局限性。在流量工程中，我们虽然可以通过路径优化来缓解网络拥塞问题，但往往需要消耗大量的计算资源，并且难以适应网络动态变化的需求。而 IntServ 和 DiffServ 模型虽然可以提供服务质量保证，但在大规模网络中的实现较为复杂，且难以适应网络的快速发展和变化。

网络资源控制的问题，主要存在以下挑战和困难。首先，网络流量的不确定性和突发性使得资源管理和调度变得复杂。由于用户行为的随机性和多样性，网络流量往往呈现出突发性和不可预测性，这给资源控制带来了巨大的挑战。其次，网络拓扑结构的复杂性增加了资源管理的难度。现代计算机网络往往具有复杂的拓扑结构，包括多层次、多域和多服务类型等特点，这导致资源调度涉及的变量和因素较多，难以进行有效的优化和控制。此外，网络服务质量的保证也是一个难题。不同的应用对服务质量有不同的要求，而网络的有限资源需要在各种需求之间进行合理分配，确保各种应用能够获得满意的服务质量。

第二节　网络拓扑结构与通信协议

一、计算机网络拓扑结构

拓扑结构就是网络的物理连接形式。如果不考虑实际网络的地理位置，把网络中的计算机看作一个节点，把通信线路看作一根连线，这就抽象出计算机网络的拓扑结构。局域网的拓扑结构主要有星型、总线型、环型、混合结构四种，如图 2-1、2-2、2-3、2-4 所示。

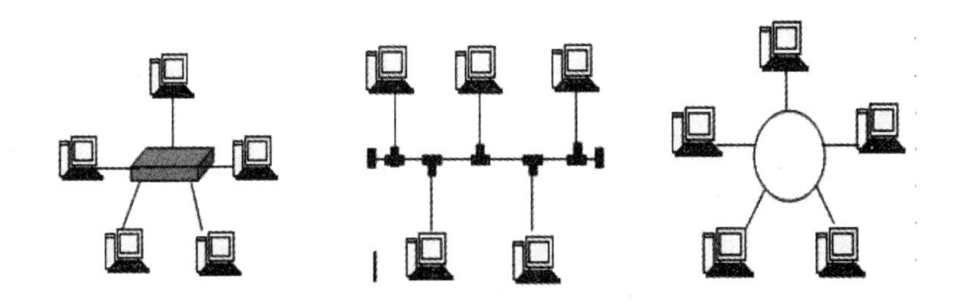

图 2-1　星型拓扑结构　图 2-2　总线型拓扑结构　图 2-3　环型拓扑结构

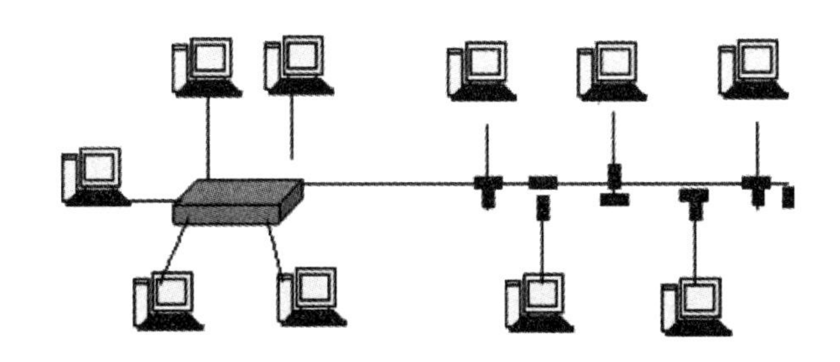

图 2-4　混合拓扑结构

（一）星型拓扑结构

星型拓扑结构是计算机网络中常见的一种网络连接方式，其特点是以一台设备作为中央节点，其他外围节点都通过独立的链路连接到中央节点上。各外围节点之间不能直接通信，而是通过中央节点进行数据传输和通信（图 2-1）。

在星型拓扑结构中，中央节点通常是文件服务器或专门的接线设备，其主要职责是接收来自外围节点的信息，并将其转发给目标节点。这种结构的优点在于结构简单、服务方便、建网容易、故障诊断与隔离比较简便、便于管理。由于所有外围节点都直接连接到中央节点，管理者可以轻松地监控和管理网络的运行状态，便于进行故障排除和维护。此外，星型拓扑结构还具有较好的扩展性，可以根据需求灵活地添加或移除外围节点，而不会影响整个网络的稳定性和性能。

（二）总线型拓扑结构

总线型拓扑结构是一种常见的计算机网络连接方式，其特点是所有节点都直接连接到一条主干电缆上，这条主干电缆被称为总线。在总线型拓扑结构中，没有关键性节点，任何一个节点都可以通过主干电缆与连接到总线上的所有其他节点进行通信（图 2-2）。

总线型拓扑结构的优点在于电缆长度相对较短，布线相对容易。由于所有节点都直接连接到主干电缆上，因此整体结构较为简单，且具有较高的可靠性。此外，当需要增加新节点时，我们只需在总线的任何一个点接入即可，因此总线型结构具有较好的可扩展性。

（三）环型拓扑结构

环型拓扑结构是一种常见的计算机网络连接方式，其特点是各节点形成闭合的环，信息在环中作单向流动。在环型拓扑结构中，任意两个节点之间都可以直接进行通信，信息沿着环的路径传递，直到到达目标节点（图 2-3）。

环型拓扑结构的优点在于电缆长度相对较短，由于网络连接形成了一个封闭的环路，因此成本相对较低。此外，环型拓扑结构中的节点之间通信简单直接，信息可以沿着环的路径自由传递，具有较高的通信效率。

（四）混合拓扑结构

混合拓扑结构是一种将多种拓扑结构的局域网连接在一起而形成的网络结构。在混合拓扑结构中，不同的局域网可以采用不同的拓扑结构，如星型、总线型、环型等，以满足不同区域或网络节点的需求。混合拓扑结构的网络可以兼并不同拓扑结构的优点，从而提高整个网络的性能和灵活性（图 2-4）。

在混合拓扑结构中，各个局域网之间通过路由器、交换机或者网关等设备连接起来，形成一个整体的网络系统。通过这种连接方式，不同拓扑结构的局域网可以互相通信和共享资源，实现数据的传输和信息的交流。

混合拓扑结构的优点在于可以根据具体需求选择最合适的拓扑结构，并且兼具各种拓扑结构的优点。例如，如果某个区域需要高可靠性和故障容忍性，可以采用星型或者

环型拓扑结构；如果某个区域需要灵活性和可扩展性，可以采用总线型拓扑结构。通过合理组合不同的拓扑结构，我们可以满足网络的多样化需求，提高整个网络系统的性能和可靠性。

二、通信协议

（一）计算机网络通信协议的概念

在计算机通信领域，通信协议是确保数据传输及时性和合理性的基本要求。通信协议是一种通过信号和设备将不同地点的数据连接起来的约定，是计算机之间进行通信的基础条件。通信协议具有有效性和层次性等特点，实际上也是一种规则体系，计算机网络硬件和软件在运行过程中需要遵循这些规则。此外，通信协议通常不是独立存在的，而是嵌入其他软件中的一部分。在基本协议应用方面，其主要目的是为用户提供完善的网络连接服务，这是通信服务的基础。相比之下，应用型协议则根据具体的网络服务需求进行选择，不属于通信的必需范畴。

从组成结构角度来看，通信协议通常包括三个要素：语义、语法和时序。语义描述了协议元素的含义，不同的协议元素可能具有不同的语义规定。语法则根据具体要求将协议元素组合在一起，使用计算机语言表达完整内容，这是信息数据处理的常见形式。时序则根据实际情况合理调整事件发生的顺序。

在传输层协议设计方面，主要涉及两种不同的协议：UDP（用户数据报协议）和 TCP（传输控制协议）。TCP 协议可以为两台主机提供可靠的数据通信方式，通过将应用程序发送的数据分成适当大小的小块并传输给网络层，然后在接收端确认数据包的接收情况和超时等内容来确保数据传输的可靠性。而 UDP 协议则为应用层提供简单的数据传输服务，将数据包从一个主机传输到另一个主机，但无法保证数据包的到达顺序和可靠性。

（二）网络通信协议的原则

从以往工作和研究中我们可以看出，网络中的计算机和计算机之间想要实现有效的信息和数据传输，需要遵循的原则包括所选协议的一致性和通信协议的单一性。

1. 所选协议的一致性

为了实现最佳的网络效果，选择的通信协议需要与网络的结构和功能保持一致，这是协议选择的一项基本原则。在整个网络通信协议的应用过程中，相关人员需要考虑到网络规模、网络间的兼容性及管理等多个方面。针对不同的网络规模和需求，选择合适的通信协议是至关重要的。

在网络规模较小、网络需求较低的情况下，主要进行文件共享和设备共享等简单操作时，网络配置的重点通常集中在网络速度方面。在这种情况下，人们往往更注重选择占用内存较小、带宽利用率较高的协议，以确保网络速度始终保持在较高水平。例如，选择像 NetBIOS Extended User Interface（NeBEUI）这样的协议，可以实现较高的网络速度。

而在面对规模较大的网络时，网络通信的要求也随之增加。同时，由于网络结构的复杂性增加，选择合适的通信协议变得更加重要。在这种情况下，如果所选择的协议与小规模网络的协议存在较大差异，我们可以考虑选择具有更好可管理性的协议类型，例如 TCP/IP 协议套件。

2. 通信协议的单一性

在实际计算机通信过程中，通信协议是不可或缺的重要组成部分。为了更便捷地进行各项工作，通常情况下我们会选择一种通信协议来应用于整个网络中。采用单一通信协议的做法有助于简化网络结构，提高通信效率，降低管理成本。

当网络中选择多种通信协议时，每种协议都需要分配一部分内存空间，这可能会导致计算机内存使用量的增加。随着协议数量的增加，计算机内存占用也会相应增加。这样的情况可能会导致以下问题的出现：

（1）影响计算机的运行速度

每个额外的通信协议都会消耗计算机资源，包括内存和处理器时间。当存在多个协议时，系统需要在这些协议之间切换和处理，可能会降低计算机的运行速度，影响系统的响应时间和整体性能。

（2）网络管理困难

多种通信协议的存在可能导致网络管理工作变得复杂。管理员需要熟悉和管理每种协议的配置和运行状态，包括监控网络流量、诊断故障等。在面对多种协议的情况下，网络管理工作可能变得混乱和困难。

由于通信协议本身具有单一性特点，即一种协议能够满足特定的通信需求，因此采用单一通信协议可以更好地满足网络通信的要求。选择一种适用于特定网络环境和需求的通信协议，可以简化网络结构，提高通信效率，降低管理成本。

（三）计算机网络通信协议框架构建内容

从 20 世纪 80 年代末期开始，国际标准化组织就互联网开放形式，对参考模型进行了全面制定，这也是后来的 OSI 模型，该模型对互联网自上而下七个通信协议层进行了规定，即应用层、表示层、会话层、网络层等，在不同通信层之间，设计不同的通信协议，建立开放式的网络互联性和互操作性的优势。虽然通信层协议不一致，但实际组成差异却不是很明显，主要是对协议元素进行诠释，实现新的顺序说明，之后根据多协议一致性，以及通信协议单一性，实现对网络通信软件的全面设计。

1. 物理层保护

保护计算机网络的物理层是确保网络通信安全和稳定性的重要步骤。物理层的电磁泄漏问题可能会对网络通信协议的安全性产生威胁，因此，设计者需要在计算机物理层中采取一系列措施来确保网络的安全性和可靠性。

首先，需要在计算机物理层信息网络中设置有效的措施，以保护整个回路免受干扰和电磁泄漏的影响。这包括将传输线路远离潜在的辐射源，以减少干扰并避免数据传输过程中的差错。同时，我们需要定期检查线路的安装情况，以确保没有搭线、外联或其

他损坏问题的出现。

其次，在实际的网络传输过程中，应用金属屏蔽的电缆是一种常见的保护措施。特别是在有特殊需求的情况下，我们可以考虑将电缆埋入地下，以进一步降低受到外部干扰的可能性。此外，对于断口的防护也至关重要，我们可以采用专业设备对断口进行安全防护，以避免外部入侵和干扰。

在应用网络通信协议时，选择安全稳定的协议也是保护物理层安全的重要措施。这些协议能够有效维护网络的正常运行，即使在局部受到破坏时也能保持网络通信的稳定性，确保整个计算机网络通信协议始终处于合理的状态下。

2. 设立完善的入侵监测协议制度

为了加强计算机网络的安全防护，建立完善的入侵监测系统是至关重要的。入侵检测系统（Intrusion Detection System，IDS）在计算机网络安全中扮演着关键的角色，它能够对网络中的入侵行为进行及时识别和响应，采取适当的措施来防止系统被入侵，并发出警报信息，为网络安全提供保障。在当前的计算机网络通信协议应用中，TCP/IP 协议是最常见的协议之一，而建立入侵监测协议制度需要充分考虑这一主要通信协议的特点。

TCP/IP 协议具有明显的单一性特点，因此，一旦受到入侵的影响，其反应方式往往是按照预先设定的规则进行。基于此，针对计算机通信网络的入侵检测技术主要依托于该协议，通过开展对节点的入侵检测操作，以识别和解释潜在的入侵行为，并选择针对性较强的解决方法，从而维护计算机网络通信的正常运行。

要建立完善的入侵监测协议制度，我们需要考虑以下几个方面：

（1）技术选型与部署

选择合适的入侵检测技术和工具，并在网络中进行适当的部署。常见的入侵检测技术包括基于特征的检测、行为分析检测和异常检测等。这些技术可以结合使用，以提高检测的准确性和覆盖范围。

（2）规则制定

制定适用于网络环境的入侵检测规则，这些规则可以基于已知的攻击模式、异常行为和安全策略等进行定义。规则制定需要考虑到网络的特点和业务需求，以确保能够准确地识别潜在的入侵行为。

（3）实时监控与响应

建立实时监控机制，对网络流量和系统日志进行持续监测和分析。一旦发现异常行为或可能的入侵事件，我们及时采取相应措施，包括阻断攻击流量、隔离受感染的主机和通知安全人员等。

（4）持续改进与优化

入侵监测协议制度需要不断进行优化和改进，以适应不断变化的网络威胁和攻击手法，定期对入侵监测规则和技术进行评估和更新，保持系统的有效性和可靠性。

（5）培训与意识提升

对网络管理员和安全人员进行培训，提升其对入侵监测系统的操作和管理能力。同时，加强网络用户的安全意识培训，使其能够主动配合安全策略，减少安全漏洞的发生和利用。

3. 传输控制协议及因特网协议

传输控制协议（TCP）和因特网协议（IP）是计算机网络中两个最重要的协议，通常被合称为 TCP/IP 协议。它们分别对应于网络通信的传输层和网络层，在网络通信中扮演着至关重要的角色。这两种协议最早应用于 Unix 系统，并得到了广泛支持和应用。

TCP/IP 协议能够提供端到端可靠的通信服务。在通信过程中，数据首先通过 TCP 协议分割成长度合适的数据段，然后进行二次传输，最终在接收端主机上由 IP 层接收数据包并执行上传操作。在这个过程中，TCP/IP 协议要求严格，确保数据的准确传输和可靠性。

在 TCP/IP 协议中，最常见的 IP 协议包括 IPv4 和 IPv6。它们定义了互联网数据的准确传输格式，并在全球范围内实现了网络通信的标准化和统一。

TCP/IP 协议具有灵活性，可以适用于不同规模的网络，连接具体的服务站点和工作站。然而，由于设置过程相对复杂，相关工作人员需要特别关注协议配置和管理的问题。另外，TCP/IP 协议的灵活性也带来了一些挑战，如网络配置和管理的复杂性，需要网络管理员和安全专家进行有效管理和监控。

4.SNMP 协议

SNMP（Simple Network Management Protocol）协议是一种用于网络管理的通信协议，在实际应用中，它通过互联网实现对网络设备节点的有序管理。为了更有效地实现这一管理目的，SNMP 协议引入了 SMI（Structure of Management Information）和 MIB（Management Information Base）体系结构，并对网络节点的状态进行了详细规定和定义。在 SNMP 的运作过程中，SMI 负责定义管理信息的结构，而 MIB 则是一个管理信息的数据库，在这两者的支持下，SNMP 可以通过网络访问设备节点，并进行状态查询、配置修改等操作。

具体而言，在 SNMP 的实施中，我们首先需要定义管理信息的结构，这由 SMI 负责完成。SMI 定义了一组规则，用于描述管理信息的数据类型、格式和对象标识符（OID）。OID 是一个唯一标识符，用于标识管理信息库中的各个对象，这使得管理信息能够被准确地访问和操作。而 MIB 则是一个数据库，包含了各种管理信息的定义和描述，如网络设备的配置、性能参数等。通过 MIB，SNMP 可以了解到网络中各个节点的状态和属性。

在 SNMP 的操作过程中，SNMP 代理扮演着重要角色。SNMP 代理负责根据当前的 MIB 信息对节点进行合理配置和管理。当需要对节点进行操作时，管理者可以通过发送 SNMP 报文实现。SNMP 报文包含了所需的操作信息，如读取节点状态、修改配置等。SNMP 代理接收到这些报文后，根据其中的指令对相应的节点进行操作，以达到管理的目的。

5. PPP 协议

PPP（Point-to-Point Protocol）协议是一种用于点对点串行通信的协议，在实际的工作

中，它负责在数据链路层和网络层之间进行数据包传输。PPP 协议主要由两个部分组成，即链路控制协议（LCP）和网络控制协议（NCP），这两个部分共同实现了 PPP 在链路层和网络层之间的数据传输。

在 PPP 协议的运行过程中，LCP 和 NCP 起着重要的作用。LCP 负责在通信的两端进行链路的建立、配置和维护，它确保通信链路的稳定性和可靠性。而 NCP 则负责在链路建立之后，对网络层的协议进行配置，这使得 PPP 可以承载不同网络层的协议，如 IP 协议、IPv6 协议等。

在实际的网络控制协议中，PPP 协议可以与多种网络协议共享同一个物理链路层。通过 NCP，PPP 协议能够实现与其他网络层的完善连接。例如，通过 IP 控制协议（IPCP），PPP 可以对网络层的数据连接进行全面的控制，从而实现 PPP 协议在链路层和网络层之间的无缝传输。

另外，PPP 协议的存在确保了数据链路层的数据传输不受到限制。通过物理连接器，PPP 协议能够保证数据传输的速度和稳定性，从而为网络通信提供了良好的基础。

第三节　网络设备与技术

一、路由器

（一）路由器的工作原理与作用

1. 路由器的工作原理

（1）OSI 模型的第三层

路由器工作在 OSI 模型的第三层，即网络层。在这一层，路由器负责将数据包从源地址传输到目标地址，通过路由选择实现网络之间的通信。

（2）路由表管理

路由器内部存储着一张路由表，其中包含了不同网络的路由信息。当路由器接收到数据包时，会根据路由表中的信息选择最佳路径将数据包传输到目标地址所在的网络。

（3）路由算法的运行

路由器使用路由算法来确定最佳的传输路径。常见的路由算法包括距离矢量算法（Distance Vector）、链路状态算法（Link State）等，它们根据网络拓扑和链路状态来计算最短路径。

2. 路由器的作用

（1）连接不同网络

路由器能够连接不同的网络，包括局域网、广域网等，实现不同网络之间的互联互通。通过路由器，数据可以在不同网络之间进行传输和交换。

（2）数据包的转发和路由选择功能

路由器能够对接收到的数据包进行转发和路由选择，确保数据能够按照最佳路径到达目标地址所在的网络。这样，路由器起到了数据传输的关键作用。

（3）支持网络安全策略和访问控制

路由器可以配置访问控制列表（ACL）等安全策略，对数据包进行过滤和检查，保护网络免受未经授权的访问和攻击。它还可以实现虚拟专用网络（VPN）等安全功能，加密传输数据，提高网络安全性。

（4）优化网络性能和稳定性

通过动态路由协议的运行和路由表的更新，路由器可以优化网络性能和稳定性，确保数据传输的快速和可靠。它能够根据网络拓扑和链路状态动态调整路由路径，应对网络负载变化和链路故障，提高网络的鲁棒性。

（二）路由器的类型与特点

1. 边界路由器

边界路由器是一种位于网络边界的路由器，其主要功能是连接内部网络和外部网络，并提供访问控制和安全策略功能，以保护内部网络免受外部网络的攻击和入侵。边界路由器的特点包括：

（1）高度安全性

边界路由器具有强大的安全功能，能够实施防火墙、入侵检测等安全机制，有效保护内部网络的安全。

（2）强大的访问控制能力

边界路由器可以根据配置的访问控制列表（ACL）等策略，对进出的数据包进行精细控制和管理，防止未经授权的访问。

（3）灵活的安全策略配置

边界路由器支持灵活的安全策略配置，管理员可以根据实际需求进行定制，满足不同环境下的安全要求。

2. 核心路由器

核心路由器位于大型网络的核心位置，用于在网络中进行数据转发和路由选择，承担着网络的核心交换和转发任务。其特点包括：

（1）高性能

核心路由器具有强大的处理能力和高速的数据转发能力，能够处理大规模的数据流量，保证网络的快速和高效运行。

（2）高可靠性

核心路由器通常采用冗余设计和高可靠性的硬件组件，具有较强的故障恢复能力，能够保证网络的稳定运行。

（3）大容量的路由表支持

核心路由器具有大容量的路由表存储空间，能够存储大量的路由信息和网络拓扑数据，支持复杂网络环境下的路由选择。

3. 分布式路由器

分布式路由器将路由功能分布到网络中的多个节点上，以提高网络的可靠性和容错性。其特点包括：

（1）分布式路由算法

分布式路由器采用分布式路由算法，将路由计算任务分布到多个节点上，实现了路由计算的并行处理，提高了路由计算的效率和性能。

（2）动态路由协议支持

分布式路由器支持动态路由协议，能够根据网络拓扑的动态变化，自动调整路由表，保证网络的稳定和可靠运行。

（3）高度容错性

分布式路由器具有较强的容错能力，即使部分节点发生故障或失效，也不会影响整个网络的正常运行，提高了网络的稳定性和可用性。

二、交换机

（一）交换机的工作原理与作用

交换机是局域网内部的关键设备，其作用主要在于实现数据包的转发和交换。在局域网中，设备之间需要进行数据传输和通信，而交换机则扮演了一个重要的角色，通过将数据包从一个端口转发到另一个端口，实现了设备之间的快速通信。

1. 交换机的工作原理

交换机在局域网内部扮演着至关重要的角色，其工作原理基于 OSI 模型的第二层，即数据链路层。在这一层级上，数据包被封装成帧，在局域网中进行传输。交换机通过学习设备的 MAC 地址，建立起一个 MAC 地址表，记录了局域网内各个设备的 MAC 地址和对应的端口信息。

当交换机接收到数据包时，其首先会解析数据包头部的目标 MAC 地址。接着，交换机会查询其内部的 MAC 地址表，以确定数据包应该被转发到哪个端口。如果目标 MAC 地址在表中存在，则交换机会直接将数据包转发到目标设备所对应的端口；如果目标 MAC 地址不在表中，交换机会将数据包广播到所有端口，同时更新 MAC 地址表，以便下次能够直接转发数据包到目标设备。

通过学习和转发数据包，交换机实现了局域网内部设备之间的快速通信。相较于集线器等传统设备，交换机能够提高通信效率和速度，减少了网络中的冲突和数据包的碰撞，从而提升了网络的性能和稳定性。

交换机的工作原理涉及学习、转发、更新 MAC 地址表等过程。通过不断学习和更新，交换机能够适应网络中设备的变化，保证数据包能够快速、准确地传输到目标设备，是局域网中不可或缺的关键设备之一。

2. 交换机的作用

交换机的主要作用在于实现局域网内部设备之间的数据包转发和交换。在现代网络中，设备之间需要进行频繁的数据传输和通信，而交换机能够帮助实现设备之间的快速通信。

通过交换机，局域网内部的设备可以直接通信，而无须将数据包广播到所有设备。这种点对点的通信方式大大提高了通信效率，减少了网络中不必要的流量，从而提升了整个局域网的性能。

交换机还能够减少网络中的冲突和数据包的碰撞。由于交换机能够智能地将数据包转发到目标设备，而不是广播到所有设备，因此可以避免数据包在网络中发生冲突，提高了数据传输的可靠性和稳定性。

此外，交换机还可以根据端口、VLAN 等进行流量控制和安全策略的实施。通过设置不同的端口或 VLAN，管理员可以对网络流量进行控制和管理，保护网络安全，防止未经授权的访问和恶意攻击。

（二）交换机的类型与特点

1. 普通交换机

普通交换机是局域网中常见的一种类型，其主要特点在于连接终端设备并提供基本的数据转发功能。这种交换机通常具有多个端口，用于连接计算机、打印机、服务器等终端设备，通过学习 MAC 地址表实现数据包的转发，从而实现局域网内部设备之间的通信。

普通交换机的优点在于价格相对较低、安装简便，并且能够满足一般局域网的基本通信需求。由于其简单的功能和易于使用的特点，普通交换机广泛应用于小型办公室、家庭网络等场景中，为用户提供了便捷的局域网连接服务。

然而，普通交换机也有其局限性。在大型网络中，普通交换机可能无法提供足够的带宽和性能，无法满足高速数据传输的需求。此外，普通交换机通常缺乏一些高级功能，如 QoS（Quality of Service）和安全性能，这在某些特定的网络环境下可能会受到限制。

尽管如此，普通交换机仍然是局域网中不可或缺的重要设备之一。它们为用户提供了简单、稳定的局域网连接服务，满足了大多数用户的基本通信需求。在小型网络中，普通交换机的性价比较高，是一种经济实用的选择。

2. 核心交换机

核心交换机是局域网中另一种重要类型，其主要特点在于连接多个交换机和网络，并提供高速数据传输和交换的能力。与普通交换机相比，核心交换机通常具有更多的端口和更高的带宽，能够处理大量的数据流量，并确保数据在局域网中快速传输。

在大型企业、数据中心等环境中，核心交换机扮演着至关重要的角色。它们能够支

持复杂的网络拓扑结构和大规模的数据交换，保障网络的稳定运行和高效通信。核心交换机通常采用高性能的硬件设计，具备强大的处理能力和高速的数据传输能力。

核心交换机不仅具有高性能和高可靠性，还支持一些高级功能，如VLAN（Virtual Local Area Network）、链路聚合等。这些功能使得核心交换机能够更好地适应复杂的网络环境和需求，提供更灵活、可靠的网络服务。

尽管核心交换机的价格较高，但其在大型网络中的作用不可替代。它们能够为企业和组织提供高速、可靠的网络连接，支持各种业务应用和服务，是构建现代企业级网络的关键设备之一。

三、防火墙

（一）防火墙的基本概念与工作原理

防火墙作为网络安全的基础设施之一，其核心概念是监控和控制网络流量，以保护网络系统免受各种潜在的威胁和攻击。一般来说，防火墙位于网络的边界，对传入和传出的数据包进行检查和过滤，根据预先设定的安全策略来判断是否允许通过。其主要工作原理包括检查数据包的源地址、目标地址、端口信息等，并根据安全策略规则进行相应的处理，如允许通过、拒绝访问或进行进一步检查等。

1. 防火墙的工作原理主要基于两种主要技术手段

访问控制列表（ACL）和状态检测。ACL是防火墙最基本的过滤技术之一，通过定义规则来允许或拒绝特定IP地址、端口或协议的流量通过。状态检测则是一种动态监控技术，它跟踪网络连接的状态，根据连接状态判断是否允许数据包通过，从而实现对网络连接的有效管理和控制。

此外，防火墙还可以采用应用层代理等高级技术来提高安全性。应用层代理能够对应用层数据进行深度检查和过滤，识别和阻止潜在的恶意行为，从而提供更加精细和全面的安全防护。这些技术手段的综合应用使得防火墙能够更好地保护网络免受各种威胁和攻击。

2. 防火墙的特点与应用

（1）安全性

防火墙具有较高的安全性，能够有效地防止未经授权的访问和恶意攻击。通过检查和过滤网络流量，防火墙可以及时识别和阻止潜在的威胁，保护网络和数据的安全。

（2）灵活性

防火墙具有灵活的配置和管理能力，管理员可以根据实际需求对防火墙的安全策略进行定制和调整。这种灵活性使得防火墙能够适应不同的网络环境和安全需求，提供个性化的安全防护方案。

（3）可配置性

防火墙的安全策略可以根据实际需求进行灵活配置，管理员可以定义特定的规则和过滤条件，实现对网络流量的精确控制和管理。这种可配置性使得防火墙能够满足不同网络环境和安全需求的要求，提供定制化的安全防护方案。

3. 防火墙的应用

防火墙的应用场景广泛，包括但不限于以下几个方面：

（1）企业网络安全

防火墙在企业网络中广泛应用，用于保护企业内部网络免受外部网络的攻击和入侵，确保企业数据和信息的安全。

（2）互联网边界安全

位于互联网边界的防火墙用于监控和控制进出互联网的数据流量，防止恶意攻击和网络威胁对企业网络的侵害。

（3）个人网络防护

个人用户可以通过在家庭网络中部署防火墙来保护个人设备和信息的安全，防止网络攻击和恶意软件的侵害。

（4）数据中心安全

防火墙在数据中心中起到重要作用，用于保护数据中心的网络和服务器免受未经授权的访问和攻击，确保数据的安全和机密性。

（二）防火墙的类型与部署方式

1. 软件防火墙

软件防火墙是一种常见的防火墙类型，其部署在主机或服务器上，通过运行软件程序来监控和过滤网络流量，以保护主机或服务器的安全。软件防火墙通常具有灵活的配置选项，可根据特定应用程序的需求进行定制设置。它们可以检测和阻止入侵、恶意软件和未经授权的访问，从而提高网络的安全性。然而，软件防火墙的性能可能受到主机硬件资源的限制，因此在大型网络环境中可能不够适用。

2. 硬件防火墙

硬件防火墙是另一种重要的防火墙类型，它是独立的硬件设备，专门用于监控和控制整个网络的流量。硬件防火墙通常具有高性能和高吞吐量，能够处理大量的数据流量，而且不会对主机的性能产生影响。由于其独立于主机的特点，硬件防火墙更适用于大型企业和组织的网络环境，能够提供更强大的网络安全保护。它们通常集成了先进的防火墙功能，如入侵检测和防御系统（IDS/IPS）、虚拟专用网（VPN）集成等，提供全面的安全解决方案。

3. 防火墙的部署方式

（1）网络边界防火墙

网络边界防火墙部署在网络边界处，用于监控和过滤网络流量的进出口，有效防止未经授权的访问和恶意攻击。它们可以检测和阻止各种网络攻击，如 DDoS 攻击、僵尸网络攻击等，并根据预设的安全策略对流量进行过滤和控制。网络边界防火墙通常部署在边缘

路由器或防火墙设备上，作为网络的第一道防线，保护内部网络免受外部威胁的侵害。

（2）主机防火墙

主机防火墙部署在单个主机或服务器上，用于保护特定主机的安全，提供针对性的防护措施。它们可以检测和阻止主机级别的攻击，如恶意软件、木马程序等，并根据主机的安全策略对入站和出站流量进行控制。主机防火墙通常以软件形式安装在操作系统中，可以与主机的安全配置和策略集成，为主机提供多层次的安全防护。

（3）内部防火墙

内部防火墙部署在内部网络中，用于保护不同子网或部门之间的安全，防止内部恶意行为的扩散和影响。它们可以检测和阻止内部网络中的恶意流量和攻击，如内部间谍软件、僵尸网络攻击等，并根据内部网络的安全策略对流量进行过滤和控制。内部防火墙通常部署在内部路由器或交换机上，作为内部网络的安全边界，保护内部网络免受内部威胁的侵害。

四、网关

（一）网关的定义与作用

网关在计算机网络中扮演着连接不同网络或网络协议的关键角色。其主要功能是实现网络之间的数据传输和协议转换。作为网络边界的重要设备，网关承担着将数据从一个网络传输到另一个网络的任务，并在必要时进行协议转换或报文格式转换。简而言之，网关就是连接不同网络之间的桥梁，使得这些网络能够相互通信和交换数据。举例来说，当局域网需要与因特网进行连接时，我们就需要通过网关实现局域网和因特网之间的数据传输和转换，这样局域网中的设备才能够与因特网上的设备进行通信。

在实际应用中，网关的作用是多方面的。首先，它实现了不同网络之间的互联互通，为用户提供了更广泛的网络访问范围。其次，网关能够解决不同网络之间的协议不兼容性问题，通过协议转换或报文格式转换，使得数据能够在不同网络之间流通。此外，网关还能够实现网络流量控制和数据安全保护，监控网络流量并过滤恶意数据，保护网络不受攻击和入侵。

（二）网关的工作原理与协议转换

网关在计算机网络中的工作原理基于网络层和传输层的协议，通过解析数据包的协议信息来确定数据的传输路径，并进行必要的协议转换或报文格式转换。当数据从一个网络传输到另一个网络时，网关首先接收到数据包，然后对其中的协议信息进行解析。这些协议信息包括源地址、目标地址、协议类型等关键信息。接着，网关根据解析得到的信息确定数据的传输路径，即确定应该将数据包传输到哪个网络接口。这个过程是关键的，因为它决定了数据的流向，直接影响到数据的传输效率和准确性。

在确定了传输路径后，如果需要进行协议转换或报文格式转换，网关会对数据包进行相应的处理。协议转换指的是将数据包从一个协议格式转换为另一个协议格式，这样数据才能够在不同网络之间传输。例如，将从因特网传输而来的数据包转换为局域网协议格式。报文格式转换则是指对数据包的结构或格式进行调整，以适应目标网络的要求。这些转换操作可能涉及数据包的头部信息、数据字段的重新排列或填充等。完成转换后，网关会将处理过的数据包发送到目标网络中，从而实现数据的传输和交换。

（三）网关的特点与应用

1. 网关的特点

（1）灵活性

网关具有灵活性的特点，能够根据不同网络环境和需求进行配置和部署。这意味着网关可以适应各种不同的网络拓扑结构和协议要求。无论是连接局域网与因特网，还是连接不同的局域网或数据中心，网关都能够根据具体情况进行灵活配置，实现不同网络之间的互联互通。

（2）扩展性

网关具有较强的扩展性，能够满足网络规模不断扩大的需求。这意味着网关可以随着网络规模的增长而扩展其功能和性能。通过添加新的网络接口或协议转换功能，网关可以扩展其连接能力和适应性，以满足不断增长的网络需求。

（3）安全性

网关在数据传输和通信过程中具有一定的安全性能。它能够对网络流量进行监控和过滤，以保护网络免受安全威胁。例如，网关可以通过防火墙等安全设备来检测和阻止恶意流量或未经授权的访问，从而提高网络的安全性和稳定性。

2. 网关的应用

（1）连接不同网络

网关最常见的应用是连接不同的网络，包括连接局域网和因特网、连接不同的局域网等。通过网关，不同网络之间可以实现数据的传输和通信，从而实现资源共享和信息交换。

（2）实现网络流量控制

网关可以用于实现网络流量控制，包括带宽管理、流量调度等功能。通过对网络流量进行监控和管理，网关可以优化网络性能，提高数据传输的效率和稳定性。

（3）数据加密解密

网关还具有数据加密解密的功能，以确保数据在传输过程中的安全性和保密性。通过对数据进行加密和解密处理，网关可以防止数据被未经授权的用户获取或篡改，保护数据的完整性和机密性。

3. 网络地址转换（NAT）

网关还具有网络地址转换（NAT）的功能，将私有网络地址转换为公共网络地址，以实现局域网内部设备与因特网之间的通信。NAT 技术可以有效地解决 IPv4 地址短缺的问题，提高网络地址资源的利用率。

五、集线器

（一）集线器的工作原理与特点

1. 工作原理

集线器作为一种传统的网络设备，其工作原理基于物理层（第一层）的信号放大和转发。在计算机网络中，集线器扮演着连接多台计算机和网络设备的角色，它的主要任务是在局域网中传输数据帧，并将数据广播给所有连接的设备，无须考虑数据的目标地址。与交换机不同，集线器不具备智能转发功能，而是简单地将接收到的数据帧复制并广播给所有端口上的设备。

具体而言，当集线器接收到数据帧时，它会在物理层对信号进行放大和重新发送，以确保数据能够传输到所有连接的设备。然后，集线器将接收到的数据帧复制多份，并通过所有端口广播出去。这意味着，无论数据帧的目标地址是哪台设备，所有连接到集线器的设备都会收到数据帧。因此，集线器的工作方式类似于一个简单的信号放大器，它将接收到的信号放大并传输给所有设备，而不考虑信号的内容或目的地。

由于集线器是在物理层上操作的，因此它不需要理解数据帧的内容或目标地址。这种简单的工作原理使得集线器具有一定的优势，如简单易用、低成本等，但也存在一些局限性，例如无法进行数据过滤和目标设备的选择，可能导致网络拥堵和广播风暴等问题。

2. 特点

集线器作为一种传统的网络设备，在网络领域具有一些独特的特点。

（1）简单易用

其工作原理相对简单，操作和配置也相对容易理解。由于集线器主要是在物理层上进行信号放大和转发，无须复杂的配置和管理，因此适合于小型局域网环境下的应用。这种简单易用的特性使得集线器成为初学者和小型企业网络部署的理想选择。

（2）廉价经济

由于集线器的功能相对有限，主要是进行数据的广播传输，因此通常价格较低，成本较为经济。对于预算有限的网络部署项目来说，选择集线器作为网络设备可以有效降低成本，满足基本的网络连接需求。

（3）有多个端口

可以同时连接多台计算机或其他网络设备。这种多端口连接的特点为用户提供了更多的连接选项和灵活性，使得局域网内的设备能够方便地互联互通，共享资源和数据。这对于中小型企业或办公环境中需要连接多台设备的场景来说尤为重要，提高了网络的扩展性和适用性。

（二）集线器的局限性与应用场景

1. 局限性

（1）广播风暴

由于集线器会将接收到的数据广播给所有连接的设备，当网络负载过高时可能导致广播风暴的发生。广播风暴会导致大量的广播数据在网络中传播，占用网络带宽，影响网络性能和稳定性，甚至导致网络崩溃。这对于需要处理大量数据流量的网络环境来说，是一个严重的问题。

（2）无隔离性

集线器工作在物理层，无法实现对数据包的隔离和分组。这意味着所有连接到集线器的设备都可以接收到发送到集线器的数据，无法区分不同数据包的目的地和内容。这种缺乏隔离性容易导致数据的混杂和冲突，降低了网络的可靠性和稳定性。

（3）低安全性

由于所有设备都可以接收到发送到集线器的数据，集线器无法提供有效的安全性保障。这意味着网络中的敏感数据可能会被未经授权的设备访问和窃取，从而导致信息泄露和安全威胁。尤其是在当今信息安全日益受到重视的时代，集线器的低安全性成了一个明显的缺点。

2. 应用场景

（1）小型局域网

在家庭网络或小型办公室等场景中，通常只需要连接有限数量的计算机和网络设备，此时集线器能够提供简单的网络连接和数据传输服务。由于其操作简单、价格低廉，易于安装和配置，因此非常适合这种规模较小的网络环境。

（2）临时网络搭建

集线器在临时网络搭建方面也有着广泛的应用。例如，在会议现场或展览会场所需临时网络连接时，集线器可以快速建立起临时网络，为与会者提供网络服务。由于集线器具有多个端口，能够同时连接多台设备，因此在临时网络搭建场景下，集线器可以满足多设备同时接入的需求。

（3）教学实验

在教学和实验环境中，集线器也扮演着重要的角色。教学实验室或网络课程中，学生需要了解和实践网络基础知识，而集线器则可以作为学习网络通信的工具。通过在集线器上进行实验和模拟网络连接，学生可以更直观地理解网络通信的基本原理，加深对网络技术的理解和掌握。

第三章 网络管理基础

第一节 网络管理概念与原则

一、网络管理概述

（一）网络管理的概念

网络管理是指为了保证网络系统能够持续、稳定、安全、可靠和高效地运行，采取的一系列方法和措施。由于网络系统的复杂性和开放性，以及网络在现代社会中的重要性日益突出，网络管理显得尤为重要。网络管理的任务是收集、监控网络中各种设备和设施的工作参数和状态信息，及时通知管理员并进行处理，从而控制网络中的设备和设施，以实现对网络的管理。

第一，网络管理的核心任务之一是对网络运行状态的监测。这包括监测网络中各种设备和设施的工作参数和状态信息，例如网络流量、带宽利用率、设备负载等。通过监测，我们可以及时发现网络中存在的问题和潜在的风险，为进一步的管理和调整提供了数据支持。

第二，网络管理的另一个重要任务是对网络运行状态进行控制。这包括对监测结果进行合理的调节和控制，以提高网络的性能和保证服务质量。例如，根据监测到的网络拥堵情况，我们可以通过调整路由器的配置或增加带宽来缓解网络拥堵，保证网络通信的畅通无阻。

第三，在网络管理的实践过程中，监测是控制的前提，而控制则是对监测结果的处理方法和实施手段。监测结果提供了决策的依据和方向，而控制则是根据监测结果制定具体的管理策略和实施措施，以解决网络运行中出现的问题和挑战。

（二）网络管理的重要性

现代网络管理的重要性体现在以下几个方面：

1. 网络设备的复杂化使得网络管理变得越来越复杂

网络设备的复杂化是当今网络管理面临的重要挑战之一。随着网络技术的不断发展和应用，网络设备的功能越来越复杂，生产厂商众多，产品规格繁多且难以统一。这种趋势使得网络管理变得越来越复杂，传统的手工管理方式已经无法满足日益增长的网络需求和管理挑战。

首先，网络设备的功能越来越复杂。现代网络设备不仅仅是简单的数据传输设备，而是集成了多种功能和服务，如路由、交换、安全防护、流量管理等。这些复杂的功能使得网络设备的配置和管理变得更加复杂和烦琐，需要管理员具备更高的技术水平和专业知识。

其次，网络设备生产厂商众多，产品规格繁多且难以统一。市场上存在着大量的网络设备供应商，每个厂商都推出了各种不同规格和性能的产品，如路由器、交换机、防火墙等。这种多样性使得网络管理人员需要熟悉和掌握不同厂商的产品特性和管理方法，这增加了管理的复杂性和难度。

由于网络设备的复杂化，传统的手工管理方式已经无法满足网络管理的需求。手工管理容易出现人为错误和疏漏，且效率低下，无法适应网络规模的不断扩大和变化。因此，我们必须借助先进有效的自动化管理手段来应对网络管理的挑战。自动化管理可以通过网络管理软件和工具来实现，包括自动化配置、自动化监控、自动化故障排除等功能，提高网络管理的效率和可靠性。

2. 网络的经济效益越来越依赖网络的有效管理

现代计算机网络已经成为人类社会中不可或缺的基础设施之一，其规模庞大、复杂度高，网络的运营、管理、维护和开通已经成为一个专门的学科，对网络的有效管理已经变得至关重要。网络的经济效益越来越依赖于网络的有效管理，这体现在多个方面。

首先，网络的有效管理对于业务运营至关重要。现代社会的商业活动、信息交流、娱乐消费等几乎都离不开网络的支持。如果网络管理不善，导致网络拥塞、故障等问题频发，将会严重影响业务的正常运营。例如，如果一个电子商务平台的网络因拥塞导致用户无法正常访问，将会造成严重的经济损失，影响企业的声誉和用户体验，从而降低网络的经济效益。

其次，网络的有效管理能够提高网络的接通率和业务量疏通率。通过对网络流量、设备状态等进行实时监控和管理，网络管理员可以及时发现并解决网络拥塞、故障等问题，保障网络的稳定运行。这不仅能够提高用户的满意度和信任度，还能够吸引更多的用户使用网络服务，从而增加网络的经济效益。

现代网络具有巨大的潜力，有效的网络管理可以发掘这种潜力。通过对网络资源的合理配置、优化网络结构和服务质量，网络管理可以提高网络的性能和效率，实现更多的业务创新和增值服务，从而进一步提升网络的经济效益。例如，通过引入新的网络技术和服务，我们可以拓展网络的业务范围，开拓新的市场，创造更多的商业价值。

3. 先进可靠的网络管理也是网络本身发展的必然结果

当今社会，人们对网络的依赖程度日益增强，网络已经成为人们日常生活和商业活动中不可或缺的一部分。个人通过网络进行通信、传输信息，企业通过网络发布产品信息、进行商业交易，甚至政府机构也依赖网络进行信息传递和管理。在这种情况下，人们对网络的稳定性、安全性和可靠性提出了越来越高的要求。

先进可靠的网络管理已经成为网络发展的必然结果。网络管理是指通过一系列的方式和手段对网络进行调整和管理，以确保网络资源得到有效利用，保证网络的正常运行，并在出现故障时能够及时报告和处理。网络管理不仅需要对网络设备和资源进行监控和调配，还需要建立起完善的安全机制和应急响应系统，以应对各种网络威胁和风险。

在当今社会，人们对网络的故障容忍度已经越来越低。无论是个人用户还是企业客户，都希望网络能够稳定可靠地运行，不受外界干扰和攻击。网络管理的重要性在于通过监控网络的运行状态，及时发现并解决问题，保障网络的稳定性和安全性。同时，网络管理也需要不断进行优化和改进，以适应不断变化的网络环境和需求。

4. 用户管理、流量控制和路由选择

用户管理、流量控制和路由选择是网络管理中的重要内容，对于确保网络的稳定性、安全性和高效性起着至关重要的作用。

（1）有效的用户管理

通过对用户进行管理，我们可以确保网络资源的合理分配和利用。这包括对用户进行身份认证、权限控制、访问控制等，以保证用户能够合法地使用网络资源，并且防止未经授权的访问和恶意行为的发生。通过建立用户管理系统，网络管理员可以监控用户的活动、控制用户的访问权限，从而有效地维护网络的安全和稳定。

（2）流量控制

网络中的流量管理涉及对数据包的传输速率、优先级、路由选择等方面的控制。通过流量控制，网络管理员可以有效地避免网络拥塞和信息淹没现象的发生，保证网络带宽的合理分配和利用。流量控制可以通过限制带宽、实施流量整形、排队调度等方式来实现，从而确保网络的高效运行和良好的用户体验。

（3）合理的路由选择

路由选择是指确定数据包从源节点到目的节点的传输路径的过程，它直接影响着数据包的传输速度、稳定性和成本。通过选择最佳的路由，网络管理员可以降低数据包的传输延迟，提高网络的响应速度和吞吐量。合理的路由选择还可以降低网络的负载，减少网络拥塞的发生，并且节约网络资源的使用成本。因此，网络管理员需要根据网络的实际情况和运行需求，选择适合的路由算法和策略，以确保网络的高效运行和良好性能。

（三）网络管理的目标

网络管理的目标是尽量满足网络管理者和网络用户对计算机网络的有效性、可靠性、开放性、综合性、安全性等方面的要求。

1. 网络的有效性

网络的有效性是指网络服务能够提供稳定、可靠、高质量的服务，以满足用户的需求和期望。与通信的有效性不同，网络的有效性关注的是整个网络系统的性能和服务质量，而不仅仅是信息传递的效率。在现代社会，随着网络的普及和应用范围的不断扩大，网络的有效性变得愈发重要。

首先，网络的有效性要求网络服务具有稳定性。稳定性是指网络在面对各种外部和内部因素的影响时能够保持正常运行和服务质量。网络服务的稳定性不仅体现在网络设备的稳定性和可靠性上，还包括对于异常情况的处理能力，如网络拥塞、设备故障等。只有保证网络的稳定性，我们才能够确保用户能够长期、持续地使用网络服务。

其次，网络的有效性要求网络服务具有可靠性。可靠性是指网络能够按照用户的期望和要求，准确地传递信息，并在传输过程中保证信息的完整性和可信度。网络的可靠性体现在数据传输的准确性、及时性和安全性上，包括数据包的正确传输、传输延迟的控制，以及数据的保密性和完整性等方面。只有保证网络的可靠性，我们才能够确保用户的数据得到有效传输和保护。

高质量的服务包括网络带宽的充足、传输速度的快速、服务响应的及时等方面。网络服务的高质量不仅能够提高用户的满意度和体验度，还能够提升网络的竞争力和市场价值。因此，网络服务提供商需要不断提升网络的服务质量，满足用户对于高质量服务的需求和期望。

2. 网络的可靠性

网络的可靠性是网络运行中至关重要的一个方面，它确保网络能够持续稳定地运行，从而满足用户的需求和期望。在现代社会，人们对于网络的依赖程度越来越高，因此网络的可靠性显得尤为重要。

首先，网络的可靠性体现在网络设备的稳定性和可靠性上。网络由各种硬件设备组成，包括路由器、交换机、服务器等，这些设备必须稳定地运行，才能够支撑起整个网络的正常运行。因此，网络设备的稳定性和可靠性是保证网络可靠性的基础。网络设备的故障或异常可能会导致网络服务中断，严重影响用户的正常使用体验，因此我们必须对网络设备进行及时的监控和维护，以确保其稳定性和可靠性。

其次，网络的可靠性还涉及网络拓扑结构的设计和部署。合理的网络拓扑结构能够减少单点故障的影响，提高网络的容错能力和稳定性。通过采用冗余路径、备份设备等措施，我们可以在主要节点发生故障时，及时切换到备用节点，从而保证网络的连通性和可用性。因此，在设计和部署网络时，我们必须考虑到网络拓扑结构的可靠性，并采取相应的措施来提高网络的稳定性和可靠性。

通过对网络进行及时的监控和管理，我们可以及时发现网络设备的异常情况，并采取相应的措施进行处理。例如，及时更新设备的固件和软件，加强网络安全防护，优化网络性能等，都可以提高网络的可靠性。此外，我们还可以利用网络监控系统对网络流量、

带宽利用率等进行实时监测，及时发现网络拥塞和瓶颈，从而调整网络配置，提高网络的稳定性和可靠性。

3. 网络的开放性

网络的开放性是指网络系统能够兼容和支持各种不同厂商、不同类型的设备和技术，并能够在不同的网络环境中自由地进行连接和通信。在现代网络中，由于网络技术的快速发展和不断更新换代，各个厂商和供应商推出的网络设备、协议和技术日益繁多，因此网络的开放性成为确保网络互通性和可扩展性的重要特征。

首先，网络的开放性要求网络系统能够支持多种不同的网络协议和标准。由于网络环境的复杂性，网络系统必须能够兼容和支持多种不同的网络协议，包括 TCP/IP、UDP、IPX/SPX 等，以确保不同厂商生产的设备和技术能够在同一个网络中进行互联互通。此外，网络还必须支持各种不同的网络标准和协议，如 IEEE 802.11、IEEE 802.3 等，以满足不同用户和应用的需求。

其次，网络的开放性要求网络设备能够实现跨厂商、跨平台的互操作性。不同厂商生产的网络设备可能采用不同的技术标准和通信协议，因此网络设备必须具备良好的互操作性，能够与其他厂商生产的设备无缝连接和通信。通过采用开放标准和协议，网络设备可以实现跨平台、跨厂商的互联互通，提高网络的灵活性和可扩展性。

随着网络规模的不断扩大和业务需求的不断增加，网络系统必须能够灵活地进行扩展和定制，以满足不同用户和应用的需求。通过采用模块化设计和开放式接口，网络系统可以实现功能的动态扩展和定制，为用户提供个性化的网络服务和解决方案。

4. 网络的综合性

网络的综合性是指网络不再局限于单一的通信方式或业务类型，而是能够支持多种不同类型的通信服务和业务应用，并实现这些服务和业务的融合和互联互通。随着信息技术的发展和应用需求的不断增加，网络已经从传统的电话网、电报网、数据网分立的状态向综合业务的方向发展，并且逐渐加入了图像、视频点播等新型业务，从而形成了多元化的综合网络环境。

（1）体现在通信服务的多样化和融合

传统的电话网主要提供语音通信服务，而电报网和数据网则分别提供电报和数据通信服务。然而，随着数字化技术和互联网的发展，网络已经可以同时支持语音、数据、图像、视频等多种通信服务，并且实现了这些服务的融合和互通。用户可以通过同一个网络平台实现语音通话、视频会议、实时数据传输等多种通信方式，从而提高了通信的灵活性和便利性。

（2）表现在业务应用的多样化和整合

随着互联网和移动互联网的普及，网络不仅仅是一个通信工具，更成了一个支持各种业务应用和服务的平台。除了传统的通信业务外，网络还可以支持在线购物、在线支付、视频点播、远程医疗、智能家居等各种业务应用，为人们的生活和工作提供了更多元化的选择和便利。

（3）要求网络设备和技术能够实现各种不同业务的协同工作和互联互通

网络设备和技术必须具备良好的通用性和兼容性，能够同时支持多种不同类型的通信协议和业务应用，实现这些业务之间的无缝连接和互操作。同时，网络还需要具备高性能和高可靠性，以满足多种业务应用的需求，并确保这些业务能够持续稳定地运行。

5. 网络的安全性

网络的安全性是指网络系统对传输的信息具有可靠的保障，以防止信息被未经授权的访问、篡改、泄露或破坏。在当今数字化时代，网络的安全性成为至关重要的问题，因为网络承载了大量的敏感信息，包括个人隐私、商业机密、财务数据等。网络的安全性的保障需要采取一系列的技术手段和管理措施，以确保网络系统的安全性、可靠性和完整性。

第一，网络的安全性的保障需要建立健全的安全策略和安全机制。安全策略是指制定和实施的一系列规则和措施，以保护网络系统免受各种安全威胁和攻击。这包括访问控制、身份认证、数据加密、防火墙设置等多种技术手段，以及建立安全培训和意识教育机制，提高用户和管理人员对网络安全的重视和认识。

第二，网络的安全性的保障需要采用先进的安全技术和工具。随着网络攻击技术的不断发展和演变，网络安全防护也需要不断更新和升级。这包括使用入侵检测系统（IDS）、入侵防御系统（IPS）、反病毒软件、加密技术、安全审计工具等多种安全技术和工具，以及建立安全事件响应和应急处理机制，及时应对网络安全事件和威胁。

第三，网络的安全性的保障还需要加强对网络基础设施和关键信息系统的保护。网络基础设施包括网络设备、通信线路、数据中心等，是网络运行的基础和关键环节，其安全性直接影响到整个网络系统的稳定和可靠性。因此，我们需要采取物理安全措施、备份和恢复措施、灾难恢复计划等手段，保障网络基础设施的安全性和可靠性。

二、管理模型与原则

网络管理涉及复杂的系统和过程，为了有效地进行管理，我们需要建立相应的管理模型和遵循一定的管理原则。管理模型和原则是指在网络管理过程中，为了实现管理目标和任务而制定的一系列规范、方法和准则。

（一）管理模型

1.OSI 网络管理模型

OSI 网络管理模型是一种用于描述网络管理组成部分和流程的标准模型，由 ISO（国际标准化组织）制定。该模型将网络管理划分为五个层次，包括策略、管理信息库、管理服务、管理协议和管理用户，每个层次都有其独特的功能和任务。

（1）策略（Policy）

位于最顶层，定义了网络管理的目标、策略和约束条件。策略层确定了网络管理的

整体方向，包括安全策略、性能策略、配置策略等。

（2）管理信息库（Information Base）

存储了网络管理所需的所有信息和数据，包括设备配置信息、性能统计数据、事件日志等。管理信息库是网络管理的核心，管理系统通过访问和操作信息库来实现管理功能。

（3）管理服务（Management Services）

提供了一系列管理功能和服务，包括配置管理、性能管理、故障管理、安全管理等。管理服务通过访问信息库和与网络设备进行交互来实现管理操作。

（4）管理协议（Management Protocol）

定义了管理系统与网络设备之间进行通信和交互的规则和标准。常用的管理协议包括SNMP（Simple Network Management Protocol）、CMIP（Common Management Information Protocol）等。

（5）管理用户（Management User）

是网络管理系统的最终用户，包括网络管理员、运维人员等。管理用户通过管理系统进行网络管理操作，实现网络管理的各项功能和任务。

2.SNMP 管理模型

SNMP 是一种广泛应用于网络管理的协议，其管理模型基于代理—管理器的架构，包括管理器（Manager）和代理（Agent）两个角色。

（1）管理器（Manager）

是网络管理系统的核心组成部分，负责监控和管理网络设备和服务。管理器通过SNMP 协议与代理进行通信，获取设备的状态信息、配置参数、性能统计等，同时可以向代理发送控制命令，实现对网络的管理和控制。

（2）代理（Agent）

是安装在网络设备上的软件模块，负责收集本地设备的状态信息，并响应管理器的请求。代理将设备的状态信息存储在管理信息库中，并定期向管理器发送状态报告和事件通知，同时接收管理器下发的配置命令，执行相应的操作。

（二）管理原则

1. 全面性（Comprehensiveness）

全面性要求网络管理覆盖网络的各个方面和环节，包括设备管理、性能管理、安全管理、配置管理等。只有全面地管理网络的各个方面，我们才能够全面地了解网络的运行状况，及时发现和解决问题，确保网络的稳定运行。

在实践中，全面性体现在建立完整的管理体系和流程，包括管理策略的制定、信息库的建设、服务功能的实现等，以实现对网络的全面管理和监控。

2. 系统性（Systematicness）

系统性要求网络管理具有系统性和连续性，形成一套完整的管理体系和流程，确保管理工作有条不紊地进行。管理工作需要有明确的组织结构和分工职责，形成有效的管理层级和工作流程。

在实践中，系统性体现在建立健全的管理组织架构、制定规范的管理流程和工作标准、建立科学的绩效评价和改进机制等，以确保管理工作的系统性和连续性。

3. 灵活性（Flexibility）

灵活性要求管理工作具有灵活性和适应性，能够根据实际情况和需求进行调整和改进。网络环境和技术发展日新月异，管理工作需要能够及时调整策略和方法，适应新的挑战和变化。

在实践中，灵活性体现在灵活调整管理策略和方法、灵活配置管理工具和系统、灵活应对紧急事件和问题等，以应对不断变化的网络环境和需求。

4. 适应性（Adaptability）

适应性要求管理工作能够适应不断变化的网络环境和技术发展，及时调整管理策略和方法，以满足新的需求和挑战。网络技术和业务环境的变化是常态，管理工作需要不断地调整和优化，以适应新的情况和要求。

在实践中，适应性体现在及时更新管理知识和技术、持续改进管理流程和方法、及时应对网络故障和安全威胁等方面。只有不断适应新的发展和挑战，我们才能保证网络管理工作的有效性和可持续性。

第二节 网络性能管理

一、性能管理的基本概念

（一）性能管理的概念

性能管理（PM）是指通过收集、分析和监控网络设备和系统的数据，以评估其性能并采取必要的措施来维持或改进其性能水平的过程。PM 的主要目标是优化网络和应用程序的使用，确保网络能够提供一致和可预测的服务水平。

性能管理系统的核心功能包括收集统计信息、维护历史日志、评估系统性能、改变系统运行模式，并最终报告和分析网络元件的行为和有效性。这些功能使网络管理员能够了解网络设备和系统的运行状况，及时发现性能问题并采取必要的措施加以解决。

性能管理还涉及对网络和应用程序流量的测量，以便在给定时间段内提供一致的和可预测的服务水平。通过对网络流量的监视和分析，性能管理可以发现潜在的瓶颈和性能问题，并采取相应的措施加以优化。

（二）性能管理的重要性

1. 性能管理对于保障网络运行的稳定性和可靠性至关重要

性能管理在网络运维中扮演着至关重要的角色，其对于保障网络运行的稳定性和可靠性具有不可替代的作用。通过监控网络设备和系统的性能指标，性能管理能够及时发

现并解决潜在的故障和性能问题，从而确保网络能够持续稳定地运行。

网络的稳定性和可靠性是网络运行的基本要求，任何网络中断或性能下降都可能给用户带来不便甚至损失。性能管理通过监控网络设备和系统的性能指标，如带宽利用率、流量负载、延迟等，可以及时发现网络中存在的故障和性能问题。例如，当网络出现拥塞时，性能管理系统可以立即发出警报，提示网络管理员采取相应的措施，如调整网络配置、增加带宽或优化路由，以缓解拥塞并保证网络的正常运行。

性能管理还能够帮助网络管理员预测和规避潜在的故障风险。通过对网络设备和系统的性能数据进行分析和评估，性能管理系统可以识别出可能导致故障的因素，并采取相应的措施加以预防。例如，当网络设备的负载接近或超过了其承载能力时，性能管理系统可以提前发出警报，提示网络管理员及时进行设备升级或优化，以避免设备过载导致的故障。

出了故障预测和监测，性能管理还可以帮助优化网络资源的利用，提高网络的性能和效率。通过对网络流量和带宽利用率的监控和分析，性能管理系统可以发现并优化网络中存在的资源浪费或不足，从而提高网络的整体性能和吞吐量。例如，通过动态调整路由策略或优化数据传输算法，性能管理可以有效地提高网络的带宽利用率，降低网络拥塞的发生频率，从而改善用户的网络体验。

2. 性能管理还可以帮助提高网络的服务质量和用户体验

性能管理在提高网络的服务质量和用户体验方面发挥着关键作用。通过优化网络和应用程序的使用，性能管理可以确保网络在高负载和高流量的情况下仍能提供稳定的服务，并满足用户对于网络性能和响应速度的需求。

第一，性能管理可以通过监控和调整网络资源的分配，以确保网络能够在高负载时仍能保持良好的性能。通过实时监测网络设备和系统的负载情况，性能管理系统可以自动调整资源分配，合理分配带宽和处理能力，以满足不同应用和用户的需求。例如，在网络负载较高时，性能管理可以自动调整带宽分配策略，优先保障关键业务的传输，从而确保网络的稳定性和可靠性。

第二，性能管理可以通过优化网络配置和流量控制，提高网络的响应速度和服务质量。通过监控网络流量和数据包传输的延迟情况，性能管理系统可以识别出可能影响网络性能的瓶颈，并采取相应的措施加以优化。例如，通过调整路由路径、优化数据传输协议或增加缓存机制，性能管理可以减少数据包传输的延迟和丢包率，提高网络的响应速度和传输效率，从而改善用户的网络体验。

第三，性能管理还可以通过监控用户体验指标，及时发现并解决用户遇到的问题，提高用户对网络服务的满意度。通过收集和分析用户的网络使用数据和反馈信息，性能管理系统可以识别出可能影响用户体验的因素，并采取相应的措施改进。例如，通过监测网络连接速度、页面加载时间和应用响应时间，性能管理可以发现可能导致用户体验下降的问题，并及时通知网络管理员进行处理，从而提高用户对网络服务的满意度。

3. 性能管理还可以帮助提高网络的效率和资源利用率

性能管理在提高网络的效率和资源利用率方面发挥着至关重要的作用。通过对网络流量和设备利用率的监控和分析，性能管理可以发现并优化资源利用不足或不均衡的情况，从而提高网络的整体效率和性能。

首先，性能管理通过实时监控网络流量和设备利用率，能够及时发现网络中存在的资源利用不足或不均衡的问题。例如，当某些网络设备的负载过高，而其他设备处于空闲状态时，性能管理系统可以识别出这种不平衡的情况，并采取相应的措施来优化资源分配，确保网络资源得到充分利用。

其次，性能管理可以通过优化网络拓扑结构和设备配置来提高网络的资源利用率。通过分析网络拓扑和设备配置信息，性能管理系统可以发现存在的冗余设备或不必要的网络链路，并采取相应的措施进行优化。例如，其通过合理规划网络拓扑结构，优化设备部署位置，可以减少数据包传输的跳数和延迟，提高网络的传输效率和资源利用率。

性能管理还可以通过优化服务质量（QoS）策略来提高网络的效率和资源利用率。通过对网络流量进行分类和调度，性能管理系统可以确保关键应用程序和服务优先获得网络资源，从而提高网络的整体性能和效率。例如，可以为关键应用程序分配更高的带宽和优先级，以确保其在网络拥塞或高负载时仍能获得稳定的服务。

（三）性能管理的实施方法

1. 收集和分析性能数据

性能管理的第一步是收集网络设备和系统的性能数据，这些数据是评估网络运行状态和发现潜在性能问题的基础。性能数据的收集涉及监控网络中各种关键指标的变化情况，例如带宽利用率、流量统计、设备负载等。这些指标能够反映网络的运行情况和性能状况，对于识别潜在的性能瓶颈和问题至关重要。

收集性能数据的方式多种多样，可以通过网络管理系统（NMS）、性能监控工具、设备日志、流量分析器等来获取。网络管理系统通常提供了一套完整的性能监控功能，可以实时地收集和展示网络设备和系统的各项性能指标。性能监控工具则专注于收集和分析网络设备的性能数据，提供更加细致和全面的性能监控功能。此外，设备日志和流量分析器也是常用的收集性能数据的工具，通过分析设备产生的日志信息和网络流量数据，可以了解网络的运行情况和性能表现。

收集到的性能数据需要进行进一步的分析和评估，以发现潜在的性能问题并及时采取措施加以解决。分析性能数据可以通过对历史数据的趋势分析、异常检测和关联分析等方法来实现。趋势分析可以识别出性能指标的周期性变化和长期趋势，帮助了解网络的稳定性和性能变化情况；异常检测可以及时发现网络中的异常情况和故障事件，快速定位和解决问题；关联分析则可以找出不同性能指标之间的关系，帮助确定性能问题的根源和影响因素。

2. 设定性能指标和阈值

性能管理需要设定一些关键的性能指标和阈值，以评估网络设备和系统的性能水平，并及时采取措施以预防或解决性能问题。这些性能指标和阈值通常根据网络的特点、业务需求和运行环境来确定，旨在保证网络的稳定性、可靠性和高效性。

首先，设定性能指标是性能管理的基础。性能指标是用于度量和评估网络设备和系统性能的参数或变量，可以反映网络的各个方面，如带宽利用率、吞吐量、延迟、丢包率、响应时间等。这些指标可以根据网络的具体情况进行选择，以全面地评估网络的性能表现。

其次，设定性能阈值是性能管理的关键步骤之一。性能阈值是指设定的性能指标的上限或下限值，当性能指标达到或超过这些阈值时，将触发警报或采取相应的措施。通过设定合适的性能阈值，我们可以及时发现性能问题并采取预防或纠正措施，以确保网络的正常运行。

在设定性能指标和阈值时，我们需要考虑以下几个方面：

业务需求：性能指标和阈值应与业务需求相匹配，确保网络能够满足用户的需求和期望。例如，在实时应用场景中，我们需要设定较低的延迟和丢包率阈值，以保证数据的及时传输和可靠性。

运行环境：不同的运行环境可能对性能指标和阈值有不同的要求。例如，在高负载的网络环境中，我们可能需要调整带宽利用率和设备负载的阈值，以适应网络的运行情况。

设备特性：不同类型的网络设备和系统具有不同的性能特性，我们需要根据其硬件配置、软件版本等因素来确定性能指标和阈值。例如，路由器和交换机的性能指标和阈值可能会有所不同。

监测频率：性能指标和阈值的监测频率也是一个重要考虑因素。监测频率过低可能导致性能问题未被及时发现，而监测频率过高则可能造成不必要的性能开销。因此，我们需要根据实际情况设定合适的监测频率。

3. 采取必要的措施优化网络性能

一旦性能问题在网络中被确定，性能管理需要采取必要的措施来解决这些问题，以确保网络能够持续稳定地运行。这些措施可以涉及多个方面，包括调整网络配置、优化网络拓扑结构、升级硬件设备等，旨在提高网络的性能和稳定性。

（1）调整网络配置

通过对网络设备和系统的配置参数进行调整，我们可以优化网络的性能。例如，调整路由器和交换机的缓冲区大小、转发容量等参数，可以提高网络的吞吐量和响应速度；调整 QoS（Quality of Service）策略，可以优化网络对不同流量类型的服务质量。

（2）优化网络拓扑结构

合理设计和部署网络拓扑结构，可以降低网络的延迟、丢包率等性能问题。例如，采用层次化的网络拓扑结构，减少网络中的单点故障和数据包转发路径长度，提高网络的可靠性和稳定性；利用链路聚合技术，增加网络链路的带宽和可用性。

（3）升级硬件设备

随着技术的不断进步，新一代的网络设备通常具有更高的性能和更先进的功能，可以满足日益增长的网络需求。通过升级网络设备，我们可以提高网络的处理能力、带宽和吞吐量，从而改善网络的性能和稳定性。

二、性能管理系统的架构

PM 系统的体系结构具有以下几个层次：数据收集和解析层、数据存储和管理层、应用程序层、表示层（用户界面）。

（一）数据收集和解析层

1. 数据收集

数据收集是性能管理的基础，它涉及从网络元素（NE）中采集数据，这些数据是评估网络性能和有效性的关键信息。在进行数据收集时，我们可以使用各种网络特定的协议，包括标准管理协议如 SNMP（Simple Network Management Protocol）和 FTP（File Transfer Protocol），以及各个公司的专有协议。标准协议的使用具有灵活性，因为其可以将为特定协议实现的数据收集代理重新用于收集来自支持相同协议的其他网络元素的数据。这种灵活性使得网络管理系统能够适应不同厂商、不同类型的设备，并实现数据的统一收集和处理。

数据收集可以通过不同的方式进行转发到网络管理系统（EMS）。首先，由 NE 执行的测量任务可以直接将结果发送到 EMS，这样 EMS 就可以实时获取数据，并进行即时的性能分析和监控。其次，EMS 还可以随时检索存储在 NE 中的报告，使用诸如 FTP 之类的批量传输机制来获取数据。此外，其还可以根据运营商定义的阈值设置，定期发送测量结果。当超过预设的阈值时，NE 将生成性能警报，并将测量结果发送给 EMS，以便运营商及时了解网络的状态并采取必要的措施。

在进行数据收集时，收集到的数据应该存储在输入文件中。这些文件需要经过统一的命名和处理，同时识别并丢弃损坏的文件。通过对数据进行文件化和处理，我们可以确保数据的完整性和准确性。最后，经过处理的文件可以发送到解析器进行进一步的处理和分析，以生成网络性能的报告和统计信息。

2. 数据解析

数据解析是对收集到的原始数据进行处理和分析的过程。在数据解析阶段，我们需要将原始数据转换为可用于性能分析和监控的格式，并提取出关键的性能指标和参数。这些指标和参数包括带宽利用率、流量统计、设备负载等，对网络的运行状况和性能水平进行评估和监测。

解析器负责对收集到的数据进行解析和提取，并将提取出的性能指标和参数存储在数据库中。通过对数据进行解析和存储，我们可以实现对网络性能的长期监测和趋势分析。同时，解析器还可以对数据进行预处理和过滤，去除噪声和异常数据，提高数据的质量

和可信度。

解析后的数据可以用于生成性能报告、制定性能优化策略及进行故障诊断和排除。性能报告可以向运营商和管理人员提供关于网络性能和运行状态的详细信息，帮助他们及时发现和解决潜在的性能问题。此外，解析后的数据还可以用于进行性能分析和预测，指导网络的规划和优化工作，提高网络的整体性能和可靠性。

（二）数据存储和管理层

1. 数据仓库优化

在数据存储和管理层，采用基于标准数据库管理系统（DBMS）的数据仓库来存储解析后的性能数据。这个数据仓库针对非常大规模的数据（Very Large Database，VLDB）和分布式数据存储进行了优化。通过采用优化的数据仓库，我们可以确保对大量性能数据的高效存储和管理，同时满足网络性能分析和监测的需求。

2. 验证和加载组件

数据存储和管理层还包括验证和加载组件，用于将解析后的数据加载到数据仓库中，并进行数据的验证和间隔。这些组件负责确保加载到数据仓库中的数据的准确性和完整性，以及验证数据的一致性和有效性。通过验证和加载组件的运行，我们可以确保数据的质量和可靠性，从而提高性能管理系统的可信度和有效性。

3. 数据存储的扩展性

数据存储和管理层需要具有良好的扩展性，能够随着网络规模的扩展而增加存储容量。随着网络规模的增长和数据量的增加，数据存储和管理系统需要不断扩展和优化，以满足不断增长的性能数据存储需求。因此，数据存储和管理系统应该具有灵活性和可伸缩性，能够适应网络未来的发展和变化。

（三）应用程序层

1. 数据库多线程访问

在应用程序层进行数据收集和存储操作时，我们需要提供对数据库的多线程访问。这样可以实现并行处理，提高数据处理的效率和速度。多线程访问可以同时处理多个数据请求，加快数据的聚合、事件生成、关联和分析过程，同时支持报告生成等操作，从而提高性能管理系统的响应速度和处理能力。

2. 数据聚合和事件生成

应用程序层负责对收集到的性能数据进行聚合和事件生成。通过将多个数据源的数据进行汇总和整合，我们可以生成更全面和准确的性能指标和报告。同时，应用程序层还可以根据数据的变化情况生成事件和警报，以及执行相应的响应措施，确保网络的稳定性和可靠性。

3. 存储和共享 KPI 和报告

应用程序层还负责存储和共享生成的关键绩效指标（KPI）和报告。这些 KPI 和报告是性能管理系统的重要输出，可以用于监控网络运行状况、评估网络性能和健康状态。

应用程序层应该提供对 KPI 和报告的安全存储和可靠共享，以便网络运维人员和管理者能够及时获取和查看相关信息。

（四）表示层

1. 安全层和用户界面

（1）安全层

表示层的一个重要组成部分是安全层，其主要作用是确保性能管理（PM）系统生成的结果在展示给用户时是安全的。这包括对结果的保密性、完整性和可用性的保护。通过安全层，PM 系统可以实现对用户身份的认证和授权，确保只有授权用户可以访问敏感数据。此外，安全层还可以加密数据传输，防止数据在传输过程中被窃取或篡改。

（2）用户界面

表示层负责提供一个基于网络的用户界面，以便用户可以方便地访问和使用性能管理系统。用户界面通常以仪表板或实时图表的形式展示性能数据和报告，帮助用户直观地了解网络的运行状况。用户界面应该设计简洁直观，易于操作，以满足用户的需求和期望。

2. 结果导出选项和用户界面类型

（1）结果导出选项

表示层应该提供将性能管理结果导出为不同文件格式的选项，以满足用户的需求。常见的导出格式包括 .csv、.xml 和 .pdf 等，用户可以根据自己的需求选择合适的格式导出数据。这些导出选项使用户可以将性能数据保存到本地或与他人共享，方便进一步分析和处理。

（2）用户界面类型

表示层可以提供两种类型的用户界面，分别是管理 UI 和结果查看界面。管理 UI 用于管理系统组件，包括配置参数、设置阈值、管理用户权限等。结果查看界面用于展示性能管理系统生成的报告和分析结果，用户可以通过该界面查看性能数据、趋势分析和健康检查结果。这两种界面都应该具有友好的用户体验，以提高用户的工作效率和满意度。

三、性能管理面临的挑战

第一个巨大的挑战是如何高效地管理，即收集、存储、处理和汇总一段时间内的大量性能测量数据。第二大挑战是处理没有统一结构或内容的性能测量标准。由于各种 NE 类型的性能测量不同，因为制造商在其设备中使用不同的专有协议和数据结构来衡量性能。

（一）处理海量网络性能数据

1. 数据收集和存储

在现代网络环境中，性能管理面临着如何高效地处理海量网络性能数据的重要挑战。这个挑战源于网络规模的不断扩大、设备数量的增加及数据量的急剧增长。为了有效地应对这一挑战，性能管理系统需要采用多种方法和工具来进行数据收集和存储。

首先，为了实现高效的数据收集，性能管理系统通常会使用多个轮询器、线程和探针。这些工具可以根据预定的时间间隔或计划收集网络设备的性能数据。通过主动轮询或按计划执行数据收集任务，系统可以及时获取网络设备的性能信息，并确保数据的完整性和准确性。

其次，灵活的聚合规则是实现高效数据处理的关键。这些规则可以用于对收集到的大量性能数据进行汇总和聚合，以减少存储空间的占用和提高数据处理效率。通过将相似类型的数据进行合并和归类，系统可以有效地降低数据的复杂性，并简化后续的分析和查询过程。

数据存储也是性能管理中至关重要的一环。收集到的性能数据需要被安全地存储在数据库中，以便后续的分析和应用。为了应对海量数据的存储需求，性能管理系统通常会采用分布式数据存储方案，并根据网络规模的扩展进行相应的扩容和优化。同时，我们还需要制定合适的数据保留策略，及时清理和归档过期的数据，以释放存储空间并确保系统的运行效率。

2. 数据处理和汇总

收集到的海量性能数据需要经过有效处理和汇总，以便为网络管理人员提供准确、可靠的信息支持。在性能管理系统中，数据处理和汇总是至关重要的步骤，它们直接影响着后续的数据分析和应用。

（1）对收集到的性能数据进行线程化处理是提高处理效率的重要手段

通过使用多个线程同时处理数据，我们可以充分利用系统的多核处理器资源，加快数据处理速度，提高系统的整体效率。线程化处理还能够使系统具有良好的并发性，能够同时处理多个数据任务，从而更快地完成数据处理工作。

（2）需要设定适当的数据保留期限来管理数据的存储和清理

由于性能数据通常是大规模地收集和存储的，过长时间的数据保留会导致存储空间的迅速消耗，降低系统的性能和效率。因此，我们需要根据实际需求设定合理的数据保留期限，在一定时间后自动删除过期的数据，释放存储空间，确保系统的稳定和可靠运行。

对于大型网络环境而言，定期对原始数据进行汇总是必要的。通过定期汇总原始数据，我们可以将大量的细节数据转化为更为简洁和可管理的汇总数据，减少数据库中的数据量，提高数据查询和分析的效率。汇总数据通常以更高层次的数据统计指标的形式呈现，例如每小时、每天或每周的平均值、最大值和最小值等，这有助于网络管理人员更好地理解网络性能的整体趋势和特征。

（二）不同性能测量标准的处理

1. 数据转换模块

在网络性能管理中，一个重要的挑战是处理来自不同厂商设备的性能数据，这些设备可能采用不同的性能测量标准和数据格式。为了有效地解决这一问题，我们可以引入数据转换模块，该模块位于数据收集和解析层，负责将原始数据转换为统一的标准格式，以便后续的存储、分析和展示。

数据转换模块的主要作用是实现数据的标准化和规范化，使得来自不同设备的性能数据能够在同一个管理系统中进行统一处理。该模块通常由软件程序或脚本组成，具有一定的数据解析和格式转换能力。当收集器从网络设备获取到原始性能数据后，将其传送给数据转换模块进行处理。

在数据转换的过程中，我们首先需要识别原始数据的来源和格式，了解各种设备使用的特定协议和数据结构。然后，根据网络管理系统（NMS）所支持的标准格式，将原始数据进行转换和映射，使其与NMS兼容。这包括将数据字段重新命名、重新排序、添加或删除必要的数据项，以确保数据的一致性和准确性。

数据转换模块还需要考虑到性能数据的实时性和准确性。它应该能够及时地处理大量的性能数据，并且在数据转换过程中尽量减少信息损失和误差，确保转换后的数据保持原始数据的完整性和真实性。

2. 标准化数据格式

标准化数据格式在性能管理系统中扮演着至关重要的角色。这些数据格式的标准化是通过转换模块实现的，其主要任务是将来自不同来源的性能数据转换为统一的格式。这一过程涉及制定适当的数据转换规则和映射规则，以确保所有收集到的数据都能够被系统正确解析和处理。

首先，标准化数据格式需要考虑到不同厂商设备可能采用的不同性能测量标准和数据结构。因此，转换模块需要能够识别并理解不同设备的数据格式，包括特定的协议、数据字段和数据类型。然后，针对性能管理系统所支持的标准数据格式，制定相应的转换规则，将原始数据转换为统一的格式。

在制定转换规则时，我们需要考虑到性能数据的各种维度和指标，例如带宽利用率、流量统计、设备负载等。这些指标可能以不同的方式表示和计量，因此需要进行适当的转换和标准化，以确保数据的一致性和准确性。

标准化数据格式还需要考虑到数据的可读性和可理解性。通过统一的数据格式，我们可以使得性能数据更易于理解和分析，从而帮助网络管理人员更好地理解网络的运行状态和性能表现。

标准化数据格式的另一个重要作用是简化系统的维护和管理工作。通过统一的数据格式，我们可以降低系统的复杂性，减少因数据格式不一致而导致的错误和故障，同时，也便于系统的扩展和升级，为未来的发展奠定良好的基础。

第三节　网络配置管理

一、网络配置管理概述

（一）网络配置管理的定义

网络配置管理是指对网络设备和系统的配置信息进行有效和全面的管理、监控和控制的过程。它涉及网络设备、软件和服务的配置、修改、备份、恢复及版本控制等方面的管理工作，旨在确保网络的稳定性、安全性和高效性。

（二）网络配置管理的重要性

网络配置管理对于现代网络运维至关重要。通过有效的配置管理，我们可以确保网络设备和系统按照预期的方式运行，并且能够及时响应业务需求和变化。同时，配置管理还有助于降低网络故障和风险，提高网络的可靠性和安全性。

（三）网络配置管理的目标

网络配置管理的目标包括但不限于以下几个方面：

1. 确保配置的准确性和一致性

确保网络设备和系统的配置信息准确无误，并且在整个网络环境中保持一致。这意味着配置管理需要对网络中的所有设备和系统进行全面而准确的记录和管理，以避免配置错误和不一致性导致的网络故障和性能问题。

2. 实现变更的可控和可追溯

对网络配置的变更进行严格控制和记录，以便追溯变更的原因、影响和责任人。这包括建立变更管理流程和工具，确保变更前经过审批和验证，以及记录变更的详细信息和操作日志，从而确保网络配置的稳定性和可靠性。

3. 提高网络的稳定性和安全性

通过合理地配置管理策略和措施，降低网络故障和安全风险，保障网络的稳定性和安全性。这包括对网络设备和系统进行定期的配置审查和安全漏洞扫描，及时修补和更新配置，以防止潜在的安全威胁和漏洞利用。

4. 支持网络的扩展和优化

及时响应业务需求和变化，支持网络的扩展、优化和升级，以提高网络的性能和效率。这包括根据业务需求和发展趋势对网络进行规划和设计，合理配置网络设备和资源，以及持续监测和优化网络性能和资源利用率。

二、网络配置变更管理与版本控制

（一）网络配置变更管理的流程

网络配置变更管理是确保网络设备和系统配置变更有序、安全和可追溯的管理过程。其基本流程如下：

1. 变更规划

在变更规划阶段，网络管理员需要明确变更的目的、范围和影响。这包括确定变更的业务需求、技术实现方式、影响的设备和系统及变更的时间计划。在此阶段我们还需要制定变更计划和策略，确定变更的执行步骤和相关资源。

2. 变更审批

变更审批阶段是对变更请求进行评估和批准的过程。网络管理员需要对变更请求进行详细分析，评估变更的合理性、必要性和风险，并根据评估结果作出审批决定。审批过程通常需要经过相关部门或领导的批准，并确保变更的执行符合组织的政策和流程。

3. 变更实施

在变更实施阶段，网络管理员根据变更计划和策略执行实际的配置变更。这可能涉及对网络设备和系统进行软件升级、配置修改、设备替换等操作。在执行变更时，我们需要严格按照变更计划和步骤进行操作，确保变更的安全和准确性。

4. 变更验证

变更验证阶段是对变更后的网络进行验证和测试的过程。网络管理员需要对变更后的网络进行功能测试、性能测试和安全测试，以确保变更达到预期的效果，并且不会引入新的故障或风险。验证结果需要记录并与变更前的状态进行对比。

5. 变更记录

在变更记录阶段，我们需要对变更的详细信息进行记录和归档。这包括变更的原因、执行过程、验证结果及相关的日志和文档。变更记录的目的是后续的追溯和分析，以及对变更过程的持续改进和优化。

（二）网络配置版本控制的实现

网络配置版本控制的实现是确保对网络设备和系统的配置信息进行有效管理和控制的关键步骤。以下是实现网络配置版本控制的几种主要方式：

1. 配置备份和恢复

配置备份是将网络设备和系统的当前配置信息存储在安全位置的过程。定期对配置信息进行备份可以防止因配置丢失或损坏而导致的系统故障。备份的配置信息应存储在安全的位置，并且需要定期测试备份数据的可用性。在需要时，我们可以使用备份数据对设备和系统的配置进行恢复，以恢复到先前的配置状态。

2. 配置版本管理

配置版本管理是对每次配置变更进行版本标记和管理的过程。每次对网络设备和系统进行配置变更时，都应该生成一个新的配置版本，并将其与先前的版本进行比较和标记。

这样可以确保可以随时回溯到先前的配置状态，并且可以追踪和管理配置变更的历史记录。

3. 配置比对和审计

配置比对和审计是定期对配置版本进行检查和审计的过程。通过比对不同版本的配置信息，我们可以检查配置的一致性和完整性，及时发现和纠正配置异常和错误。审计配置变更的历史记录可以帮助确定配置变更的原因和影响，并且可以评估配置变更的合规性和安全性。

4. 配置变更控制

配置变更控制是对配置变更进行严格的控制和限制的过程。在进行配置变更之前，我们应该进行严格的变更管理和控制，包括变更请求的审批和授权、变更计划的制订和执行、变更的验证和测试等步骤。只有经过授权的人员才能进行配置变更，并且需要记录和审计每次配置变更的细节信息。

（三）网络配置版本控制的优势

网络配置版本控制是现代网络管理中的重要组成部分，其具有诸多优势，有助于提高网络的可管理性、可维护性，降低配置变更的风险，并增强网络的安全性和稳定性。

首先，通过对网络配置进行版本控制，我们可以提高网络的可管理性和可维护性。网络中的各种设备和系统通常存在大量的配置信息，而版本控制系统可以帮助管理人员有效地管理这些配置信息。通过版本控制系统，管理人员可以跟踪配置的变更历史，了解每次变更的细节和影响，从而更好地管理和维护网络设备和系统。

其次，网络配置版本控制可以降低配置变更的风险。网络配置的变更可能会导致网络故障或安全漏洞，而版本控制系统可以确保每次变更都经过严格的审批和授权，并记录变更的详细信息。这样可以帮助管理人员及时发现和纠正配置错误，降低配置变更带来的风险和影响。

网络配置版本控制还可以增强网络的安全性和稳定性。通过及时回溯到先前的配置状态，我们可以有效地应对配置错误和故障，避免网络因配置变更而导致的安全问题或网络中断。此外，版本控制系统还可以提供审计和监控功能，帮助管理人员及时发现并阻止潜在的安全威胁。

第四节　网络性能优化

一、网络性能优化的定义与重要性

网络性能优化是指通过采用各种技术和手段，提高网络设备的性能和网络传输的效率，以确保网络运行的稳定性和可靠性。这涉及对网络结构、设备配置、数据传输等方面的优化，旨在最大程度地提高网络的吞吐量、响应速度和可用性，从而满足用户的需求和提升用户体验。

随着网络应用的不断增加和复杂化，网络性能问题日益突出，因此网络性能优化变得越来越重要。网络作为信息传输的重要基础设施，在现代社会的各个领域扮演着至关重要的角色，如通信、金融、医疗、教育等。用户对网络的要求也越来越高，不仅要求网络具有较高的传输速度和稳定性，还要求网络能够适应各种复杂环境下的需求，如大规模数据传输、高并发访问等。因此，对网络性能进行优化成为确保网络正常运行和提升用户体验的必要手段。

网络性能优化不仅能够提高用户体验，还能够减少网络故障和提高网络安全性。通过优化网络结构和设备配置，我们可以降低网络拥堵、提高网络吞吐量，从而减少数据传输时的延迟和丢包率，保障数据的可靠传输。此外，优化网络安全策略和防护措施，可以有效地防范网络攻击和数据泄露，确保网络的安全稳定运行。

二、网络性能优化的技术手段

（一）网络设备升级

网络设备升级是提高网络性能的重要手段之一。通过更新或更换高性能的网络设备，我们可以显著提高网络设备的处理能力和吞吐量，从而增强网络的性能和承载能力。网络设备的升级包括路由器、交换机、防火墙等各种设备的更新或更换，以适应不断增长的网络流量和应用需求。

网络设备的升级可以通过以下方式实现：

1. 硬件升级

更新网络设备的硬件组件，如 CPU、内存、接口卡等，以提高设备的处理能力和存储容量。例如，替换旧型号的路由器或交换机，采用更高性能的新型号，支持更高的数据传输速率和并发连接数。

2. 固件升级

定期更新网络设备的固件或软件版本，以获取最新的功能和性能优化。厂商通常会发布固件更新，修复已知的漏洞和改进性能。通过固件升级，我们可以提高设备的稳定性、安全性和性能。

3. 网络架构优化

重新设计和优化网络架构，采用更高效的拓扑结构和布线方式，以降低网络延迟、提高数据传输速率和减少故障发生率。

（二）网络协议优化

网络协议优化是通过优化网络协议配置，减少网络传输延迟和丢包率，提高网络传输效率的一种技术手段。网络协议在数据传输过程中起着关键的作用，通过合理配置网络协议参数和选项，我们可以提高网络性能和用户体验。

网络协议优化包括以下方面：

1. TCP/IP 协议优化

TCP/IP 协议是互联网通信的基础协议，通过调整 TCP 参数如窗口大小、拥塞控制算

法等，我们可以减少传输延迟和提高数据传输速率。

2.QoS（Quality of Service）优化

通过配置 QoS 策略，对网络流量进行分类、调度和控制，保障重要业务的网络服务质量，提高网络的传输效率和可靠性。

3. 数据压缩和加速

使用数据压缩和加速技术，减少数据传输的大小和传输时间，提高网络传输效率。例如，使用 HTTP 压缩技术对网页内容进行压缩，减少页面加载时间。

（三）负载均衡

负载均衡是一种关键的网络技术，旨在通过合理分配网络负载，避免设备过载，从而提高整体网络性能和可靠性。这种技术能够有效地管理网络流量，确保服务器或网络设备处于最佳状态，为用户提供更好的服务体验。负载均衡技术主要包括以下方面：

1. 流量分发

负载均衡器根据预先设定的策略，将传入的网络流量均匀地分发到多个服务器或网络设备上。这有助于避免单个设备负载过重，提高系统的整体性能和可扩展性。常见的负载均衡策略包括轮询、最少连接、IP 哈希等。

2. 健康检查

负载均衡器定期对服务器或网络设备进行健康检查，监测其运行状态和性能指标。通过检测服务器的可达性、负载情况、响应速度等参数，负载均衡器能够及时发现故障设备，并将流量从故障设备转移到正常运行的设备上，确保服务的连续性和可用性。

3. 动态调整

根据实时的网络负载情况和设备性能，负载均衡器可以动态调整负载分配策略。通过监测服务器的负载水平、响应时间等指标，负载均衡器能够实时调整流量分发策略，以实现最优的负载均衡效果。这种动态调整能够应对网络流量的突发性变化，确保网络设备始终处于最佳状态。

4. 故障恢复

当某个服务器或网络设备发生故障时，负载均衡器能够快速将流量从故障设备转移到正常运行的设备上，实现故障的快速恢复。这种故障转移机制能够最大程度地减少用户的服务中断时间，保障服务的连续性和稳定性。

三、网络性能优化的管理与维护

（一）网络性能监测

网络性能监测是确保网络稳定性和可靠性的关键环节，通过实时监控网络设备的状态和传输质量，我们可以及时发现并解决性能问题，保障网络的正常运行。以下是网络性能监测的几个重要方面：

1. 实时监控

利用网络性能监测工具对网络设备的关键性能指标进行实时监测是网络性能监测的

核心。这些指标包括网络设备的运行状态、带宽利用率、流量统计等。通过实时监控，网络管理员可以及时发现网络中的异常情况，如设备故障、流量突增等，并采取相应的措施进行处理，以避免性能问题的进一步扩大。

2. 警报机制

配置警报机制是网络性能监测的重要手段之一。管理员可以设定网络性能指标的阈值，当这些指标超出设定的范围时，系统会自动发送警报通知管理员。这样，管理员可以及时收到警报并快速做出响应，以防止潜在的性能问题对网络造成影响。

3. 历史数据分析

对历史性能数据进行分析和统计是了解网络性能长期趋势的有效方式。通过分析历史数据，我们可以发现网络性能的周期性变化和规律性，为网络优化提供重要的参考依据。此外，历史数据分析还有助于识别网络中的潜在问题，并制定相应的解决方案。

4. 容量规划

基于历史数据和趋势分析，进行网络容量规划是网络性能监测的重要应用之一。管理员可以根据历史数据和预测未来的网络负载和性能需求，及时进行网络扩容或优化，以满足业务发展和用户需求的不断增长。

（二）故障排查与处理

故障排查与处理是确保网络稳定运行的关键环节，对网络性能优化至关重要。通过及时排查和处理网络故障，我们可以最大程度地减少网络中断和服务质量下降的影响。以下是故障排查与处理的几个重要方面：

1. 故障诊断

当网络出现故障时，我们首先需要进行快速而准确的故障诊断，确定故障的原因和范围。这需要借助网络管理工具进行全面监测和分析，以便迅速定位故障所在，并采取相应的措施加以解决。故障诊断的快速性和准确性对于减少故障修复时间至关重要。

2. 紧急响应

面对重要的网络故障，我们需要采取紧急响应措施，以尽快恢复网络服务，减少业务中断时间，保障业务的连续性和稳定性。这包括调动专业人员和资源，进行紧急维修或替代措施，确保故障得到及时解决。

3. 故障记录与分析

对故障事件进行记录和分析是故障排查与处理的重要步骤之一。通过记录故障的发生时间、地点、原因和处理过程等信息，形成故障数据库。这样的数据库可以为以后类似故障的预防和处理提供宝贵的经验和参考，帮助提高网络的稳定性和可靠性。

4. 持续改进

故障排查与处理工作需要不断地进行改进和优化。网络运维团队应该定期回顾和评估故障处理流程和应急响应机制，发现问题并提出改进措施。通过持续改进，我们可以提高故障处理效率和准确性，不断提升网络运维水平和服务质量。

（三）数据备份与恢复

数据备份与恢复是网络管理和维护的基础工作之一，对网络安全和数据完整性至关重要。通过制订完善的数据备份和恢复计划，我们可以有效防范数据丢失和损坏风险，保障网络的安全和稳定。

1. 定期备份

定期备份是数据备份与恢复计划的核心步骤之一。网络管理团队应根据业务需求和数据重要性，制订定期的备份计划，确保关键数据得以备份。备份频率应根据数据变化的速度和业务的重要性而定，通常情况下，关键数据应该进行每日备份，而对于少量变化的数据可以采用更长周期的备份。

2. 多重备份

为了提高数据的可靠性和可恢复性，采用多重备份策略非常重要。这意味着将备份数据存储在不同的地点和介质上，以防范单点故障和灾难性损失。多重备份可以包括本地备份和远程备份，以及不同类型的存储介质，如硬盘、磁带、云存储等。

3. 数据加密

在备份过程中对数据进行加密存储是确保数据安全的关键措施之一。加密可以保护备份数据的机密性和隐私性，防止数据在传输或存储过程中被窃取或篡改。采用强大的加密算法和密钥管理机制，确保备份数据的安全性。

4. 备份验证

定期对备份数据进行验证和测试至关重要。通过备份验证，我们可以确保备份数据的完整性和可用性，及时发现和处理备份异常。验证包括检查备份数据的一致性、完整性和可还原性，以及恢复备份数据进行测试，确保备份数据可以正常恢复。

5. 灾难恢复计划

制订灾难恢复计划是数据备份与恢复的重要组成部分。灾难恢复计划包括对网络故障和灾难情况进行的应急响应和数据恢复措施。在面对网络故障或灾难事件时，我们及时采取行动，最大程度地减少数据丢失和业务中断的影响，保障网络的连续性和可用性。

第五节　网络容量规划

一、网络容量规划概述

网络容量规划是指根据当前和未来的网络需求，对网络设备、带宽和资源进行合理规划和管理的过程。它旨在确保网络能够满足用户的需求，并提供足够的带宽和资源来支持网络流量的增长和变化。网络容量规划是网络设计和运维中的关键环节，对于提高网络性能、保障网络稳定性和可靠性具有重要意义。

在进行网络容量规划时，我们需要考虑以下几个方面：

（一）业务需求分析

1. 当前业务量分析

通过收集和分析当前网络的业务数据，包括流量、请求量、连接数等指标，了解当前业务的规模和特点。这可以通过网络流量监测工具、日志分析等手段实现。

2. 用户数量和特征分析

对网络用户的数量、地理分布、使用习惯等进行分析，以便更好地了解网络的用户情况和需求。

3. 流量特征分析

分析不同类型业务的流量特征，包括流量的时段分布、协议类型、应用类型等，以便根据不同业务的特点进行带宽需求评估和优化。

4. 需求分析

了解不同业务应用对网络的带宽、延迟、稳定性等需求，对于重要业务和关键应用需要进行重点分析和规划。

（二）网络拓扑设计

1. 层次结构规划

根据业务需求和网络规模，设计合理的网络层次结构，包括核心层、汇聚层和接入层，以满足不同业务需求和服务水平的要求。

2. 拓扑连接方式设计

设计网络设备之间的连接方式和路径，包括星型、环型、网状等拓扑结构，以及有线和无线连接方式的选择，确保网络的可靠性和稳定性。

3. 设备布置规划

根据网络拓扑设计，合理布置网络设备和服务器，包括设备的位置、数量、型号等，以最大程度地提高网络的性能和可扩展性。

4. 安全性设计

在网络拓扑设计中考虑安全性因素，包括网络隔离、访问控制、加密传输等措施，保护网络免受外部攻击和内部威胁。

（三）带宽需求评估

1. 业务流量预测

基于历史数据和趋势分析，预测未来业务流量的增长趋势和峰值需求，为网络带宽的规划提供数据支持。

2. 业务优先级划分

根据业务的重要性和优先级，对不同业务的带宽需求进行划分和优化，确保重要业务的带宽优先保障。

3. 链路带宽规划

对网络中各个节点和链路的带宽需求进行评估和规划，确定合适的带宽配置和扩展

方案，以满足不同业务的需求。

4. 负载均衡策略

考虑使用负载均衡设备和技术，对网络流量进行合理分配和调度，以最大程度地提高带宽利用率和网络性能。

（四）资源规划和管理

1. 设备容量规划

根据网络需求和流量预测，规划网络设备的容量和性能，包括路由器、交换机、防火墙等设备的选型和配置。

2. 服务器资源规划

对网络中的服务器资源进行规划和管理，包括计算、存储、虚拟化等方面，确保服务器能够满足业务的需求和性能要求。

3. 存储资源规划

根据业务数据的存储需求，规划存储系统的容量和性能，包括磁盘阵列出了网络容量规划过程中的关键方面。接下来，我将对每个方面进行更详细的扩展。

二、规划方法与工具

（一）网络流量分析工具

1.Wireshark

Wireshark 是一款开源的网络协议分析工具，可以捕获和分析网络数据包，用于网络故障排除、网络性能优化和安全审计等。通过 Wireshark，网络管理员可以查看实时的网络流量，分析数据包的来源、目的地、协议类型和大小等信息，帮助评估网络的带宽利用率和流量特征。同时，Wireshark 还提供了丰富的过滤和统计功能，可以根据不同的条件过滤和分析网络数据包，为网络容量规划提供数据支持。

2.NetFlow Analyzer

NetFlow Analyzer 是一款专业的网络流量分析工具，可以监测和分析网络流量，实时监控网络性能和带宽利用率。它支持多种流量分析功能，包括流量统计、流量分类、流量趋势分析等，可以帮助网络管理员了解网络的流量特征和变化趋势，为网络容量规划提供决策支持。此外，NetFlow Analyzer 还提供了可视化的报表和图表，直观地展示网络流量数据，方便用户进行分析和评估。

（二）性能测试工具

1.Iperf

Iperf 是一款开源的网络性能测试工具，用于测量网络带宽、吞吐量和延迟等性能指标。它可以在客户端和服务器之间进行网络性能测试，通过发送和接收数据流来评估网络设备和链路的性能。Iperf 支持多种测试模式和参数配置，可以根据需要进行定制化测试，帮助网络管理员了解网络的实际性能和瓶颈所在，为网络容量规划提供数据支持。

2.Ping

Ping 是一种常用的网络测试工具，用于测试主机之间的连通性和延迟。通过向目标主机发送 ICMP 回显请求，并等待其回复，可以评估网络的响应时间和可达性。Ping 工具通常用于检测网络故障和性能问题，帮助网络管理员快速定位和解决网络故障，提高网络的稳定性和可靠性。

（三）仿真建模工具

1.GNS3

GNS3 是一款开源的网络仿真工具，主要用于模拟和测试复杂的网络拓扑结构。它可以在普通 PC 上模拟各种网络设备，如路由器、交换机和防火墙等，提供真实的网络环境和操作体验。通过 GNS3，网络管理员可以构建不同的网络场景和拓扑结构，进行仿真和测试，评估网络的性能和可靠性，为网络容量规划提供参考和验证。

2.OPNET

OPNET 是一款商业的网络仿真软件，提供了丰富的网络建模和仿真功能，用于评估和优化各种网络应用和服务的性能。OPNET 支持多种网络技术和协议的建模，包括有线和无线网络、传输协议和应用协议等，可以对网络的各个方面进行仿真和分析，为网络容量规划和优化提供全面的解决方案。

（四）容量规划软件

1.SolarWinds Network Performance Monitor（NPM）

SolarWinds NPM 是一款功能强大的网络性能监控和管理软件，提供了全面的网络容量规划和优化功能。它可以实时监控网络设备和链路的性能指标，自动发现和分析网络拓扑，生成网络流量和带宽利用率报表，帮助网络管理员了解网络的负载情况和性能瓶颈。同时，SolarWinds NPM 还提供了容量规划工具，可以基于历史数据和趋势分析，预测未来的网络负载和性能需求，帮助网络管理员优化网络资源配置和管理。

2.Zabbix

Zabbix 是一款开源的网络监控和管理软件，具有强大的容量规划和性能优化功能。它可以监控网络设备、服务器和应用程序的性能和可用性，实时收集和分析网络数据，生成性能报表和趋势图表，帮助网络管理员了解网络的负载情况和性能趋势。此外，Zabbix 还支持自定义报警和触发器，可以在网络性能出现异常时及时发送警报通知管理员，帮助他们快速响应和处理性能问题。

（五）趋势分析工具

1.Cacti

Cacti 是一款开源的网络图形化工具，用于监控和图形化网络设备的性能数据。它支持数据收集、存储和图形化展示，可以生成各种性能报表和图表，帮助网络管理员了解网络的性能趋势和变化。Cacti 还支持自定义数据源和图表模板，可以根据需要对网络数据进行定制化展示和分析，为网络容量规划提供决策支持。

2.Nagios

Nagios 是一款开源的网络监控系统，用于实时监控网络设备和服务的运行状态。它支持多种监控方式和报警机制，可以监控网络的性能和可用性，及时发现和处理性能问题。Nagios 还支持历史数据的存储和分析，可以生成性能报表和趋势图表，帮助网络管理员了解网络的发展趋势和未来需求，为网络容量规划提供决策支持。

第六节　网络监控与报警

一、网络监控系统概述

（一）网络监控的定义与重要性

网络监控是指通过监测、收集和分析网络设备和系统的运行状态、性能指标及网络流量等信息，实时了解网络的运行情况，以确保网络的稳定性、可靠性和安全性。网络监控系统作为网络管理的重要组成部分，对于及时发现和解决网络问题、优化网络性能、提高网络服务质量具有重要意义。

（二）网络监控系统的组成

网络监控系统的组成主要包括监控代理、监控服务器、监控数据库、用户界面和报警系统（图 3-1）。

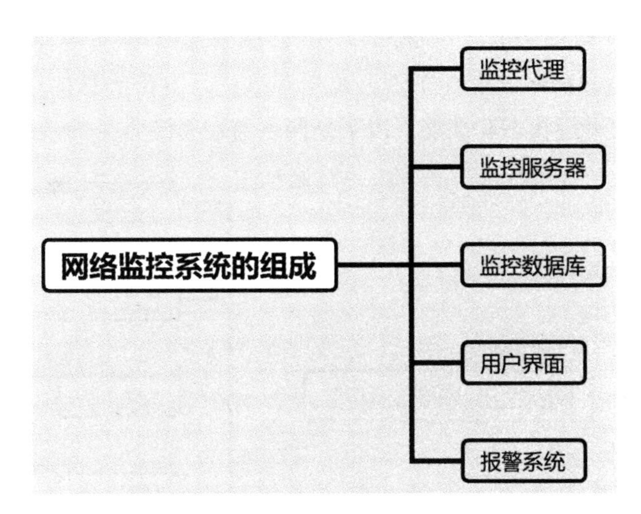

图 3–1　网络监控系统的组成架构图

1. 监控代理

监控代理是网络监控系统的关键组成部分之一，安装在网络设备和服务器上，负责采集和传输监控数据到监控服务器。监控代理可以是软件程序，也可以是硬件设备，其功能包括获取设备的性能指标、流量数据、日志信息等，并将这些数据传送到监控服务器进行处理和分析。

2. 监控服务器

监控服务器是网络监控系统的核心组件，负责接收、存储和处理监控数据。它能够处理大量的监控信息，对数据进行分析和整理，生成报告和图表，并提供实时监控和历史数据查询功能。监控服务器还可以支持多种监控协议和数据格式，以适配不同类型的网络设备和服务器。

3. 监控数据库

监控数据库用于存储监控系统采集到的监控数据，包括历史数据和实时数据。这些数据对于网络性能分析、故障诊断和报表生成都至关重要。监控数据库需要具备高性能和可靠性，以确保数据的安全存储和快速检索。

4. 用户界面

用户界面是网络监控系统的操作界面，通过用户界面管理员可以查看网络设备的状态、性能指标和报警信息，并进行配置和管理。用户界面通常提供图形化的展示方式，包括实时监控图表、报警通知和设备拓扑图等，以便管理员对网络进行全面的监控和管理。

5. 报警系统

报警系统是网络监控系统的重要组成部分，用于监测网络状态和性能，并在网络出现异常情况时发送警报通知管理员。报警系统可以根据预设的规则和阈值，自动检测网络故障和性能异常，并通过邮件、短信等方式及时通知相关人员，以便他们采取相应的措施进行处理和修复。

（三）网络监控系统的功能

网络监控系统作为网络管理和维护的重要工具，具有多种功能，可以全面监测和管理网络设备和系统的运行状态和性能。以下是网络监控系统常见的功能（图 3-2）：

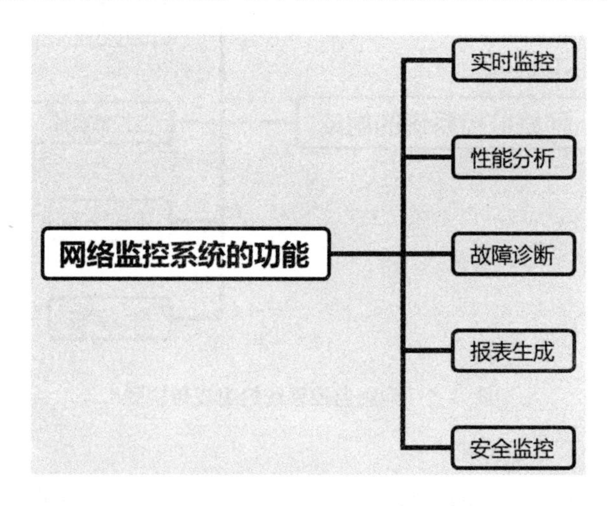

图 3–2　网络监控系统的功能架构图

1. 实时监控

网络监控系统能够实时监测网络设备和系统的运行状态和性能指标，包括 CPU 利用率、内存使用率、带宽利用率、网络流量等。通过实时监控，管理员可以随时了解网络

的运行情况，及时发现异常并采取相应措施。

2. 性能分析

网络监控系统能够对网络的性能趋势和变化进行分析，帮助管理员发现网络性能瓶颈和问题。通过性能分析，管理员可以了解网络的负载情况、响应时间、丢包率等指标，为网络优化提供数据支持和建议。

3. 故障诊断

网络监控系统具有故障诊断功能，能够快速定位和诊断网络故障，准确判断故障原因。当网络出现故障时，监控系统可以自动发出警报，并提供详细的故障信息和建议，帮助管理员快速解决问题，减少网络故障对业务的影响。

4. 报表生成

网络监控系统能够生成各种性能报表和统计图表，展示网络的运行情况和性能指标。这些报表可以包括历史性能数据、实时监控图表、网络拓扑图等信息，帮助管理员全面了解网络的状态，进行性能评估和规划。

5. 安全监控

网络监控系统还具有安全监控功能，能够监测网络的安全事件和攻击行为，及时发现和应对网络安全威胁。监控系统可以检测入侵、异常流量、恶意软件等安全问题，并采取相应的防御措施，维护网络的安全和稳定。

二、报警机制与应对策略

（一）报警机制的设置

报警机制在网络监控系统中起着至关重要的作用，它能够及时发现网络异常情况并通知管理员采取相应的措施。以下是报警机制的设置细节（图 3-3）：

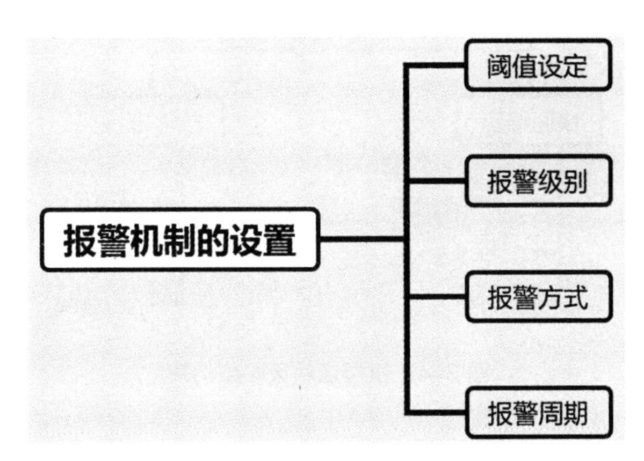

图 3–3　报警机制的设置架构图

1. 阈值设定

报警机制首先需要针对网络的关键性能指标设置合理的阈值。这些性能指标可以包括 CPU 利用率、内存使用率、带宽利用率、丢包率等。管理员可以根据网络设备的特点和业务需求，设置适当的阈值。当性能指标超过或低于设定的阈值时，报警机制将触发相应的报警。

2. 报警级别

报警机制需要区分不同级别的报警，通常包括信息、警告和严重三个级别。信息级别的报警用于提供一般性的通知信息，警告级别的报警用于指示潜在的问题，需要管理员关注并采取措施，而严重级别的报警表示网络出现了严重的问题，需要立即处理。根据不同级别的报警，可以制定相应的处理流程和应对策略，以便及时处理问题。

3. 报警方式

报警机制需要支持多种报警方式，包括邮件、短信、电话等。管理员可以根据自己的偏好和实际情况选择合适的报警方式。通常情况下，邮件通知是最常见的报警方式，而短信和电话通知则更适合在网络出现严重问题时进行紧急通知。

4. 报警周期

报警机制需要设置报警的监测周期和频率，以确保及时监控网络状态和性能。通常情况下，报警机制会定期检查性能指标是否超过或低于设定的阈值，并在检测到异常时触发报警。报警周期可以根据网络的特点和需求进行设置，一般情况下可以设置为几分钟到几小时不等。

（二）报警应对策略

报警应对策略是网络管理中至关重要的一环，它能够确保在网络出现问题时快速、有效地应对，以最小化业务中断时间和损失。以下是针对报警应对的详细策略（图 3-4）：

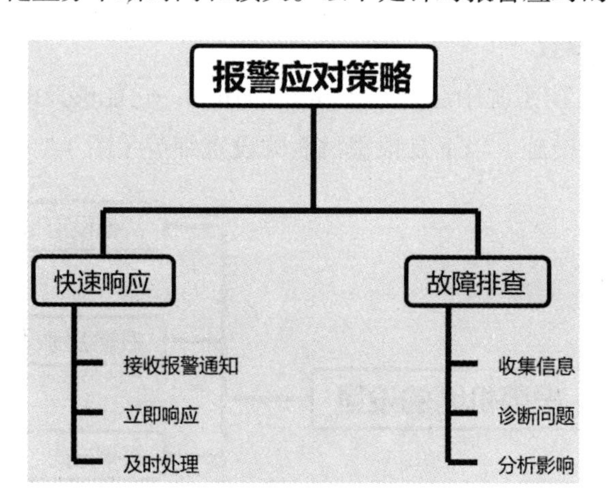

图 3–4　报警应对策略架构图

1. 快速响应

（1）接收报警通知

确保报警通知能够及时地送达负责人员手中，可以通过邮件、短信、电话等方式进行通知。

（2）立即响应

一旦接收到报警通知，负责人员应立即响应，确认问题并启动相应的应对流程。

（3）及时处理

尽快采取措施解决问题，以减少网络故障对业务造成的影响，确保业务的持续运行。

2. 故障排查

（1）收集信息

根据报警信息，收集相关的网络设备和系统的运行状态、日志信息等，以帮助确定故障原因。

（2）诊断问题

利用网络监控工具和故障排查技术，对网络故障进行诊断，确定故障的具体原因和范围。

（3）分析影响

评估故障对业务的影响程度，了解故障造成的具体后果，以便采取适当的应对措施。

（三）故障处理

1. 修复措施

（1）重新启动设备

在面对一些临时性故障时，重新启动设备可能是一种简单而有效的解决方法。通过重新启动，设备有机会重新加载配置并清除可能存在的内存或软件问题。

（2）修改配置

有时，故障可能是由于错误配置导致的。在这种情况下，我们可以通过修改配置文件或设置来解决问题，例如调整网络参数、更新固件或操作系统版本等。

（3）修复软件

如果故障是由于软件问题引起的，可能需要进行软件修复。这可能涉及应用程序的修复、漏洞的修补或安装最新的软件。

（4）数据恢复

对于数据丢失或损坏的情况，我们需要采取相应的数据恢复措施，包括从备份中恢复数据、使用恢复工具进行数据修复等。

2. 设备替换

（1）硬件故障

如果设备出现硬件故障，并且无法通过修复措施解决，那么我们需要考虑更换设备。这可能涉及更换受损的组件或整个设备的替换。

（2）设备升级

在某些情况下，设备可能已经达到了其性能极限或者已经过时，无法满足当前网络需求。在这种情况下，替换设备可能意味着升级到更先进的设备，以提高性能和功能。

3. 升级优化

（1）固件 / 软件升级

一些故障可能是由于旧版本的固件或软件引起的，因此进行固件或软件升级可能是解决问题的有效方法。新版本通常包含了修复了旧版本中存在的漏洞或问题的修复程序。

（2）性能优化

通过对网络设备进行性能优化，我们可以提高其稳定性和性能，减少出现故障的可能性。这可能涉及调整设备配置、优化网络拓扑结构或增加冗余备份等措施。

第四章　网络安全基础

第一节　网络安全概述

一、安全定义与重要性

（一）信息安全

信息安全是指在信息系统中保护信息的机密性、完整性和可用性，以及防止未经授权地访问、使用、修改或泄露信息的一系列措施和技术。信息安全不仅关乎个人隐私的保护，也关系到国家安全、企业利益等重大利益。

（二）计算机网络

计算机网络是指通过通信设备和通信线路将多台计算机连接起来，实现数据和信息的交换与共享。计算机网络已成为现代社会信息化的基础设施之一，对于促进信息流通、提高工作效率和拓展服务范围具有重要意义。

（三）网络安全

网络安全是指保护计算机网络及其相关设备、系统和数据不受未经授权的访问、破坏、窃取或篡改，确保网络的机密性、完整性和可用性。在网络化时代，网络安全问题日益突出，成为信息社会发展中不可忽视的重要环节。

（四）网络安全的基本属性

网络安全的基本属性包括：

1. 机密性（Confidentiality）

机密性是指确保信息只能被授权的实体访问，防止未经授权的用户、程序或系统获取敏感信息。这意味着信息在传输、处理和存储过程中需要加密或采用访问控制等措施来保护其隐私性。

实现机密性的方法包括使用加密技术、访问控制、身份认证和授权机制等，以确保只有授权用户能够访问敏感信息，从而防止信息泄露和非法访问。

2. 完整性（Integrity）

完整性是指确保信息在传输和存储过程中不被篡改、修改或损坏，保持信息的完整性和可信度。任何未经授权的更改都会被检测到并阻止。

实现完整性的方法包括使用数据校验和数字签名等技术来检测数据的篡改和修改，以及采用访问控制和权限管理来限制对数据的修改权限。

3. 可用性（Availability）

可用性是指确保网络和资源在需要时可用，能够正常运行并提供服务，防止因攻击、故障或其他因素导致服务不可用或中断。

实现可用性的方法包括使用容错技术、负载均衡、备份和灾难恢复等措施来确保系统和服务的持续可用性，以及采取防御性措施来防止拒绝服务（DoS）攻击等导致的服务中断。

4. 可控性（Controllability）

可控性是指对网络进行有效的管理和控制，以及对安全事件进行监控和响应，保障网络的安全和稳定运行。这包括对网络资源和访问权限的管理，以及实施安全策略和控制措施来防止和应对安全威胁。

实现可控性的方法包括建立安全策略和流程、实施访问控制和身份认证、进行安全监控和日志记录等，以及及时响应安全事件并进行修复和改进。

（五）网络信息安全性服务

网络信息安全性服务包括：

1. 身份认证（Authentication）

身份认证是确认用户身份和权限的过程，以确保只有授权用户能够访问网络资源。常见的身份认证方式包括密码、生物特征识别（如指纹、虹膜等）、智能卡、双因素认证等。通过有效的身份认证机制，我们可以防止未经授权的用户进入系统，保障网络的安全性。

2. 访问控制（Access Control）

访问控制是对用户对网络资源的访问权限进行管理和控制，以限制用户的操作范围和权限。访问控制可分为基于角色的访问控制和基于策略的访问控制等。通过访问控制，我们可以确保用户只能访问其所需的资源和数据，防止信息泄露和滥用。

3. 加密传输（Encryption）

加密传输是对数据进行加密处理，以保护数据在传输过程中的安全性，防止数据被窃取、窥视或篡改。常见的加密传输协议包括 SSL/TLS、IPsec 等。通过加密传输，我们可以确保数据的机密性和完整性，保障数据在网络中的安全传输。

4. 安全审计（Audit）

安全审计是网络安全管理中至关重要的一环，它通过监控和记录网络活动及安全事

件的方式，为网络管理员提供了及时发现潜在安全威胁的能力。这个过程包括收集、分析和解释安全事件数据，以便识别异常行为和潜在的安全风险。安全审计的目标在于确保网络系统和数据的完整性、保密性和可用性，从而提高网络的安全性和可靠性。

在安全审计中，网络管理员通常会利用安全信息和事件管理系统等工具来收集和存储网络活动的安全数据。这些数据包括登录日志、文件访问日志、系统配置更改日志等。通过分析这些日志数据，管理员可以识别出异常的网络活动，例如未经授权的登录尝试、异常的文件访问行为等。此外，安全审计还可以监控系统的配置变更、软件更新和漏洞扫描等操作，以及网络流量和数据包的传输情况。

安全审计的重要性在于它能够帮助网络管理员及时发现网络安全事件和威胁，从而采取适当的措施进行响应和处理。通过及时识别并应对安全问题，我们可以有效地降低网络遭受安全攻击的风险，减少潜在的数据泄露和系统瘫痪的可能性。此外，安全审计还有助于保持网络的合规性，满足法规和行业标准对安全性和隐私保护的要求。

（六）安全的基本要素

安全的基本要素构成了网络安全体系的核心，它们共同确保了网络系统和数据的安全性、完整性和可用性。这些基本要素包括安全策略、安全技术和安全管理。

首先，安全策略是网络安全的基石，它是由组织制定的一系列规则、标准和措施，旨在确保网络安全的合法性和合规性。安全策略定义了组织的安全目标、原则和责任，明确了安全意识和行为规范，以及对安全事件的响应和处理程序。有效的安全策略可以指导组织的安全实践，为网络安全提供基础框架和指导方针。

其次，安全技术是实现安全策略的关键手段，它涵盖了各种安全技术和措施，用于保护网络设备和通信数据的安全。安全技术包括但不限于防火墙、入侵检测和防御系统（IDS/IPS）、虚拟专用网络（VPN）、加密通信、访问控制等。这些技术可以有效地防御网络攻击、数据泄露和恶意软件等安全威胁，保护网络系统和数据的安全性和完整性。

最后，安全管理是确保安全策略和安全技术有效实施的关键环节，它涉及建立完善的安全管理体系，包括安全培训、监控、应急响应和漏洞管理等方面。安全管理通过培训和意识教育增强员工的安全意识和技能，通过监控和评估网络活动识别和应对安全事件，通过漏洞管理和安全更新及时修补系统漏洞，以确保网络安全的持续有效性和改进。

二、安全威胁与风险分析

（一）安全威胁

安全威胁是指可能导致网络安全受到威胁或损害的各种因素和行为。常见的安全威胁包括计算机病毒、恶意软件、网络蠕虫、黑客攻击、拒绝服务攻击（DDoS）、信息泄露、身份盗窃等。安全威胁的具体形式有很多种，以下是一些常见的安全威胁类型：

1. 计算机病毒和恶意软件

计算机病毒、蠕虫、特洛伊木马等恶意软件是网络安全领域的重要问题，它们可以在用户不知情的情况下侵入计算机系统，并对系统进行各种破坏、监视或控制。计算机病毒是一种能够自我复制并传播的恶意软件，通常通过感染其他文件或程序来传播，一旦感染，它们可以破坏系统文件、篡改数据或者占用系统资源。与病毒不同，蠕虫是一种独立运行的恶意软件，它能够在网络上自动传播，通过利用系统漏洞或弱密码，迅速感染其他计算机。特洛伊木马是一种伪装成合法软件的恶意软件，它会欺骗用户安装并运行，一旦潜伏在系统中，它们可以偷取个人信息、窃取账号密码、远程控制系统等。这些恶意软件不仅对个人用户造成严重威胁，还可能导致企业和组织的敏感信息泄露、系统服务中断或金融损失。为了有效应对计算机病毒和恶意软件的威胁，用户和组织需要加强安全意识教育，定期更新系统和应用程序补丁，安装可信赖的安全软件，以及备份重要数据，并严格控制系统和网络的访问权限。同时，安全厂商和研究人员也需要不断提升恶意软件检测和防御技术，及时发现和应对新型威胁，共同维护网络安全和稳定。

2. 黑客攻击

黑客攻击是指利用各种技术手段，入侵计算机系统或网络，以获取敏感信息、破坏系统功能或篡改数据等，对网络安全造成威胁的行为。黑客攻击的形式多种多样，包括但不限于以下几种：

一种常见的黑客攻击形式是通过网络漏洞入侵系统。黑客经常利用操作系统或应用程序的漏洞，通过网络传输恶意代码，实现对系统的控制。一旦黑客成功利用漏洞入侵系统，他们可以获取系统权限，窃取用户数据、篡改文件或破坏系统稳定性。

另一种常见的黑客攻击形式是钓鱼攻击。黑客通过发送虚假的电子邮件、信息或网站链接，诱使用户点击并提供个人信息、账号密码等敏感信息。钓鱼攻击往往利用社会工程学原理，伪装成合法的信息来源，使用户误以为是正常的通信，从而上当受骗。

此外，黑客还会利用恶意软件进行攻击。恶意软件包括计算机病毒、蠕虫、特洛伊木马等，它们可以感染系统并在背后执行恶意操作，如窃取用户数据、加密文件、勒索等。通过传播恶意软件，黑客可以对个人用户、企业或政府机构造成严重危害。

黑客攻击不仅给个人用户和组织带来了经济损失和隐私泄露的风险，还可能导致公共基础设施受损、国家安全受到威胁。因此，为了应对黑客攻击，用户和组织需要加强网络安全意识，定期更新系统补丁、安装防火墙和安全软件，加密敏感数据，实施安全策略和控制措施。

3. 拒绝服务攻击（DDoS）

拒绝服务攻击（DDoS）是一种网络攻击方式，攻击者通过大量的虚假请求向目标服务器或网络发送流量，旨在使目标系统资源耗尽，导致合法用户无法正常访问服务，从而造成服务不可用的情况。这种攻击方式通常是通过控制大量感染的僵尸计算机或者利用其他网络资源，将大量的请求发送到目标服务器，从而超出目标服务器的处理能力范围，导致服务器资源消耗殆尽或服务崩溃。

拒绝服务攻击的目的是剥夺目标系统的服务能力，使其无法正常响应合法用户的请

求，从而对目标系统造成瘫痪或严重影响。这种攻击不仅会给目标系统的运营者带来损失，还会影响用户的正常使用体验，甚至可能对企业的声誉和信誉造成负面影响。

DDoS 攻击的特点之一是其发起者常常采用分布式的方式进行攻击，即利用多个不同地理位置的计算机或网络设备协同发起攻击，增加攻击的规模和难以追踪的复杂性。此外，攻击者还可能使用不同的攻击手法和工具，如 UDP 洪水攻击、SYN 洪水攻击、HTTP GET/POST 攻击等，来实施 DDoS 攻击，使得防御变得更加困难。

为了有效应对 DDoS 攻击，网络安全专家和系统管理员需要采取一系列的防御措施，包括但不限于部署 DDoS 防火墙、入侵检测系统（IDS）和入侵防御系统（IPS），实施流量过滤和限制，优化网络架构和配置，以及与云服务提供商合作，利用其弹性资源来缓解攻击压力。

4. 信息泄露

信息泄露是指敏感信息，如个人隐私、商业机密或国家机密等，被泄露给未授权的用户或实体的情况。这种泄露可能是由于系统漏洞、网络攻击、人为错误或内部失误等原因造成的，其后果可能导致严重的财产损失和声誉风险。

首先，个人隐私信息的泄露可能导致个人权利受损，如身份信息、银行账号、社交媒体账号等被窃取后可能被用于恶意目的，例如盗用个人财产、实施身份盗窃或者进行网络诈骗等。个人隐私信息的泄露还可能导致个人信用受损，严重的话甚至会影响到个人的社会地位和生活安全。

其次，商业机密的泄露可能导致企业遭受重大经济损失和竞争劣势。商业机密包括产品设计、研发计划、营销策略等敏感信息，一旦泄露给竞争对手或公众，将严重影响企业的竞争力和市场地位。竞争对手通过获取商业机密可以复制产品或服务，降低市场份额，导致企业业绩下滑甚至倒闭。

最后，国家机密的泄露可能对国家安全造成严重威胁。国家机密包括军事情报、政府机构内部文件、核能资料等重要信息，一旦泄露给敌对势力或非友好国家，可能导致国家的安全受到威胁，甚至引发国家间的政治危机和冲突。

5. 身份盗窃

身份盗窃是一种恶意行为，指的是攻击者通过各种手段获取合法用户的个人身份信息，包括但不限于用户名、密码、信用卡信息等敏感数据，然后利用这些信息进行非法活动，如欺诈、盗取财产、非法交易等。身份盗窃通常是通过网络攻击、钓鱼邮件、恶意软件等手段实施的，攻击者往往伪装成合法机构或网站，诱使用户提供个人信息，或者利用漏洞和弱点获取用户信息。

一旦个人身份信息被盗取，可能导致严重的财务损失和个人权益受损。首先，攻击者可以使用盗取的用户名和密码访问用户的在线银行、电子支付账户或其他敏感网站，盗取用户的资金或进行非法转账。其次，盗取的个人信息还可能被用于虚假身份认证，进行贷款欺诈、购物欺诈等活动，给用户造成经济损失和信用受损。此外，攻击者还可能利用盗取的个人信息进行钓鱼攻击、网络钓鱼和社会工程学攻击，诱使其他人提供更多的敏感信息，形成更大的安全风险。

为了防止身份盗窃，用户应采取一系列有效的安全措施。首先，用户应保护个人信息的安全，不轻易泄露个人身份信息，尤其是在不明来源的网站或邮件中提供敏感信息。其次，用户应定期更改密码，并确保密码的复杂度和安全性，避免使用简单易猜的密码。此外，用户还可以使用双因素身份验证、安全问题等额外的身份验证措施提高账户安全性。

6. 社会工程学攻击

社会工程学攻击是指攻击者通过操纵人的心理，利用社会工程学原理，采取各种欺骗、诱导或胁迫等手段，从而获取信息系统的访问权限，进而实施更广泛的攻击。这种攻击方式不直接针对计算机系统的技术漏洞，而是针对系统用户的心理和行为进行攻击，利用人的弱点来达到攻击目的。社会工程学攻击往往涉及社交工程、人际交往、心理学等多个领域的知识，攻击者通过与目标互动，获取敏感信息或执行特定操作。

社会工程学攻击的手段多种多样，常见的包括：

（1）钓鱼攻击（Phishing）

攻击者通过伪装成合法的机构或个人，在电子邮件、短信或社交媒体等渠道发送虚假信息，诱导用户点击链接或提供个人敏感信息。

（2）预文本信息攻击（Pretexting）

攻击者利用编造的借口或假象，冒充信任的个人或机构，以获取目标的信息或访问权限。

（3）垃圾邮件攻击（Spamming）

攻击者发送大量垃圾邮件，其中包含恶意链接或附件，诱导用户点击，导致系统感染恶意软件或泄露信息。

（4）社交工程学攻击（Social Engineering）

攻击者利用社交技巧和心理操纵，通过建立信任关系、制造紧急情况或利用人们的好奇心等手段，诱导目标提供敏感信息或执行特定操作。

社会工程学攻击的危害性极大。攻击者通过获取敏感信息或访问权限，可以进一步窃取个人财产、盗取机密信息、破坏系统功能，甚至进行身份盗窃或网络诈骗等犯罪活动。此外，社会工程学攻击往往比传统的技术攻击更难被检测和防范，因为它直接针对人的心理和行为，而不是计算机系统的漏洞。

为了防范社会工程学攻击，组织和个人需要加强对安全意识的培训和教育，提高警惕性，不轻信来历不明的信息或请求。此外，建立健全的安全策略和流程，实施严格的访问控制和身份验证措施，以及加强对安全事件的监控和响应，也是有效防范社会工程学攻击的重要手段。

（二）风险分析

风险分析是一项关键的安全管理活动，旨在帮助组织识别、评估和管理潜在的安全

威胁和风险，以保护其信息资产和业务运营的安全。这个过程有助于组织了解可能面临的威胁，采取相应的措施来降低风险并提高安全性。

首先，风险分析要进行风险识别。在这一阶段，组织需要全面审查其信息系统和网络架构，识别可能存在的安全威胁和潜在风险。这包括审查系统配置、网络拓扑、业务流程和数据流动等方面，以识别潜在的威胁来源和安全漏洞。

其次，风险评估是风险分析的核心步骤。在这一阶段，我们对已识别的安全威胁进行评估，包括评估其可能性和影响程度。可能性评估涉及确定安全威胁发生的可能性，而影响评估则涉及确定安全威胁对组织资产和业务的潜在影响。基于这些评估，我们可以确定每个风险的级别和优先级，以便为后续的风险控制提供指导。

再次是风险控制阶段，其中组织制定并实施相应的风险控制策略和措施。这包括防范、减轻、转移或接受风险。具体措施可能包括加强访问控制、实施加密、更新安全策略和流程、部署安全技术和工具等，以防止风险的发生和影响。

最后，风险监控阶段旨在持续监控和评估组织的安全状况，及时发现和应对安全威胁和风险变化。这包括实时监控系统日志、网络流量和安全事件，进行安全漏洞扫描和渗透测试，以及定期进行风险评估和审计。通过这种持续的监控和反馈机制，组织可以及时调整其安全策略和控制措施，以适应不断变化的威胁环境。

第二节　身份验证与访问控制

一、身份标识与鉴别

（一）身份标识与鉴别概念

身份标识是用于识别和区分用户、系统或实体的唯一标识符。在网络环境中，身份标识通常采用用户名、数字证书、生物特征等形式。这些标识符的选择应考虑其独特性、易于识别性和难以伪造性。身份标识的目的是建立对实体的唯一标识，以便在系统中识别和跟踪其活动。

鉴别是指验证用户或实体所声称的身份是否合法的过程。通过鉴别，系统可以确认用户所提供的身份信息是否与其真实身份相匹配，并据此决定是否授予其访问权限。鉴别的目的是确保系统只向合法用户提供服务和资源，并防止未经授权的访问。

（二）身份认证的过程

身份认证是确保用户或实体合法访问系统或资源的过程。在身份认证过程中，系统会对用户提供的身份标识信息进行验证，并根据验证结果决定是否授予其访问权限。身份认证通常包括以下步骤：

1. 身份信息提供

身份信息提供是身份认证过程中的关键步骤之一，也是用户与系统之间进行身份验证交互的起始点。在这一阶段，用户向系统提供其唯一的身份标识信息，以便系统对其身份进行验证和识别。这些身份标识信息可以采用多种形式，其中包括用户名、密码、数字证书或生物特征数据等。

首先，用户名是最常见的身份标识之一，通常用于识别和区分用户在系统中的唯一身份。用户在注册或创建账户时会选择一个唯一的用户名，并在后续登录时使用该用户名来进行身份验证。

其次，密码作为身份信息提供的一种形式，是一串经过加密处理的字符或数字，用户必须在登录时提供与其账户相关联的密码以完成身份验证过程。密码的安全性直接影响着身份验证的可靠性，因此用户应选择强密码并定期更改以增强安全性。

再次，数字证书是一种基于公钥加密技术的身份认证方式，它通过在用户端和服务器端之间交换加密证书来验证用户的身份。数字证书通常由可信的第三方机构颁发，具有防伪性和不可篡改性，因此被广泛用于安全通信和身份认证领域。

最后，生物特征数据作为一种生物识别技术的应用，可以用于身份信息提供。生物特征包括指纹、视网膜、虹膜、人脸等个体独有的生理特征，通过生物识别设备采集和识别这些生物特征数据，我们可以实现高度准确的身份验证。

2. 身份验证

身份验证是网络安全中至关重要的一环，它是确认用户或实体所声称的身份是否合法的过程，用于确保系统只授予合法用户相应的访问权限。在进行身份验证时，系统会对用户提供的身份信息进行验证和比对，以确认其合法性。这个验证过程可能涉及多种技术手段和方法，包括但不限于用户密码的比对、数字证书的验证、生物特征的匹配等。

首先，用户密码的比对是最常见的身份验证手段之一。用户在注册或创建账户时会设定一个密码，并在登录时提供该密码以进行身份验证。系统会将用户提供的密码与其在系统中存储的密码进行比对，如果匹配成功，则用户被确认为合法用户。

其次，数字证书的验证也是一种常见的身份验证方式。数字证书是一种由可信的第三方机构颁发的电子证书，用于证明用户身份和公钥的有效性。在进行身份验证时，系统会验证用户提供的数字证书的有效性，以确认用户的身份是否合法。

最后，生物特征的匹配是一种基于生物识别技术的身份验证方法。生物特征包括指纹、视网膜、虹膜、人脸等个体独有的生理特征，系统通过生物识别设备采集和识别用户的生物特征数据，以确认用户的身份。除了以上提到的几种常见的身份验证技术外，还有许多其他的身份验证方法，如多因素身份验证、单点登录等。这些技术手段的选择取决于系统的安全需求、用户体验和实际应用场景等因素。

3. 访问权限授予

一旦用户通过身份验证的过程，系统会根据验证结果决定是否授予用户访问权限。这个过程被称为访问权限授予，其目的在于向合法用户授予相应的权限，并允许其访问系统或资源。

在访问权限授予的过程中，系统会根据用户的身份和验证结果，确定用户在系统中的权限级别和范围。如果身份验证成功，系统会向用户授予相应的权限，以便用户能够访问其所需的系统功能、数据或资源。这些权限可能包括读取、写入、修改、删除等操作权限，具体权限的范围取决于用户的身份、角色和系统的安全策略。

授予访问权限的过程还涉及访问控制列表（Access Control List，ACL）的管理。ACL是一种用于定义系统中资源的访问权限的列表，它包含了用户或用户组与资源之间的对应关系，以及用户对资源的访问权限。系统在进行访问权限授予时，会根据ACL中定义的规则和策略，确定用户所拥有的权限，并将其应用到用户的访问请求中。

此外，访问权限授予还可能涉及其他安全机制和策略的应用，例如角色基础访问控制（Role-Based Access Control，RBAC）、基于策略的访问控制（Policy-Based Access Control，PBAC）等。这些机制和策略可以帮助系统管理员更加灵活地管理用户的访问权限，并根据实际需求进行动态调整和配置。

二、口令认证方法

（一）口令管理

1. 口令的定义与重要性

口令是用户在身份认证过程中使用的密码，用于验证用户的身份和权限。

口令管理是保障系统安全的重要措施之一，合理的口令管理能有效防止未授权访问和信息泄露。

2. 口令管理的基本原则

口令管理的基本原则包括复杂度要求、定期更改口令和不同口令策略。

首先，复杂度要求是确保口令安全性的关键之一。口令应当具备一定的复杂度，包括大小写字母、数字及特殊字符等的组合。这种复杂度的要求可以有效增加口令的猜测难度，防止简单口令被轻易猜解或者通过暴力破解工具破解，从而提高系统的安全性。

其次，定期更改口令也是口令管理的重要原则之一。定期更改口令有助于降低口令泄露的风险，即使口令在一定时间内被泄露，定期更改也能够及时减少被攻击者利用的时间窗口，从而保障系统的安全。建议周期性地强制用户更改口令，例如每个月或者每个季度更改一次口令。

最后，不同口令策略适用于不同的系统和应用，根据安全需求和风险评估来制定口令策略是必要的。不同的系统可能对口令的复杂度、历史密码限制、口令长度等有不同的要求，因此我们需要根据具体情况来制定相应的口令策略，以确保系统的安全性和可用性。口令管理的基本原则为确保系统安全提供了重要的指导，有效的口令管理措施是保障系统安全的重要保障措施之一。

3. 口令管理的措施

口令管理是信息安全管理中至关重要的一环，其涉及密码策略的制定、定期审核口令及口令加密存储等多方面内容。

（1）密码策略的制定

密码策略应当包括最小长度、复杂度要求及历史密码限制等内容。最小长度的要求通常应不低于 8 个字符，以确保口令的安全性；复杂度要求则包括使用大小写字母、数字和特殊字符的组合，以增加口令的猜测难度；历史密码限制则是限制用户在一段时间内不能重复使用之前的密码，以防止用户频繁更换回弱口令。

（2）定期审核口令

定期对口令进行审核和评估，可以发现存在脆弱性口令，并及时要求用户更换，从而降低被攻击的风险。定期审核口令的频率应根据系统安全要求和实际情况进行调整。

（3）口令加密存储

采用适当的加密算法对口令进行加密存储，可以有效防止口令泄露后被直接获取，保障用户的口令安全。口令加密存储应当采用强大的加密算法，并妥善保管加密密钥，确保口令在存储和传输过程中不被泄露或篡改。

（二）脆弱性口令

1. 脆弱性口令的特征与危害

（1）简单性

脆弱性口令通常由简单的数字、字母组合或常见的单词构成，易受到猜测或暴力破解。

（2）容易被破解

脆弱性口令容易被攻击者利用暴力破解工具或字典攻击方法破解，导致账户被盗用或系统被入侵。

2. 避免脆弱性口令的方法

（1）提高复杂度

采用包含大小写字母、数字和特殊字符等复杂度较高的口令，增加猜测难度。

（2）避免常见词汇

避免使用常见的单词、短语或容易猜测到的个人信息作为口令。

（3）使用密码管理工具

借助密码管理工具生成和存储复杂度高的随机口令，提高口令的安全性。

3. 防范脆弱性口令的措施

（1）强制策略要求

制定强制性口令策略，要求用户采用符合一定复杂度要求的口令，并定期更改。

（2）教育与培训

加强用户的安全意识教育，告知用户脆弱性口令的危害性，并指导用户如何设置安全的口令。

三、生物身份认证

（一）指纹身份认证技术

1. 指纹模式的特点

指纹模式是指每个人指尖皮肤上的纹路排列，是个体的生物特征之一，具有高度的唯一性和稳定性。这种唯一性是由于指纹形成过程中遗传因素和胚胎发育过程中的随机因素所致，这使得每个人的指纹图案都是独一无二的。指纹模式的稳定性主要体现在其形成后几乎不会发生变化，即使受到外界因素的影响，如受伤或年龄增长等，指纹模式也不会发生根本性的改变，因此可以长期稳定地用于身份认证和识别。

一般而言，指纹模式由细小的纹路、岭（ridge）和谷（valley）等特征组成，形成了独特的指纹图案。这些特征在指纹图案中呈现出多样性和复杂性，这使得每个人的指纹图案都具有明显的区别性。岭是指纹模式中突出的部分，谷则是岭之间的凹陷部分，这种交替排列形成了指纹的图案，如弯曲、环状、网状等，具有丰富的形态变化。

指纹模式的特点使其成为一种理想的生物特征识别技术，被广泛应用于各种身份认证和安全系统中。相比于其他生物特征识别技术，指纹识别具有较高的准确性和稳定性，且采集指纹样本相对简便，不需要特殊的设备和环境，因此在实际应用中具有较高的可操作性。然而，指纹识别技术也存在一些挑战，如指纹的伪造和模拟等安全风险，以及对个人隐私的一定侵犯。因此，在应用指纹识别技术时，我们需要综合考虑其优势和限制，采取相应的安全措施和隐私保护措施，以确保系统和用户的安全。

2. 指纹身份认证原理

指纹身份认证原理基于个体指纹的独特性和稳定性，利用指纹模式作为身份标识进行验证。在认证过程中，系统会采集用户的指纹图像，并与事先存储的指纹模板进行比对，以确定用户的身份。这一过程可以分为指纹采集、特征提取和比对过程三个主要步骤。

首先，指纹采集是指系统通过指纹传感器等设备获取用户的指纹图像。指纹图像通常由指纹纹路、岭（ridge）和谷（valley）等特征组成，是指纹模式的可视化表示。指纹采集设备会将用户的指纹图像转换为数字形式，以便后续的处理和比对。

其次，特征提取是指从采集到的指纹图像中提取出有效的指纹特征信息。这些特征信息通常包括指纹图像中的特征点、岭和谷的排列模式等。特征提取的目的是将指纹图像转化为数学或统计学特征，以便进行后续的比对和识别。

最后，比对过程是指将提取出的指纹特征与事先存储的指纹模板进行比对，以确定是否匹配。比对过程主要基于指纹图像中的特征点和纹线模式，通过比对算法计算相似度，判断是否匹配。常用的比对算法包括局部特征匹配算法、模式匹配算法、人工神经网络等。如果两者之间的相似度超过了设定的阈值，则认为认证成功，用户的身份得到确认。

3. 应用场景与优势

指纹身份认证技术在当今的数字化社会中广泛应用于各种场景，其中包括但不限于手机解锁、门禁系统、金融安全等领域。其优势在于其高度的唯一性、便捷性和较高的安全性，这使其成为一种备受青睐的身份认证方式。

首先，指纹身份认证具有高度的唯一性。每个人的指纹模式都是独一无二的，即使是同卵双胞胎也具有不同的指纹。这种唯一性保证了指纹身份认证的准确性和可靠性，这使其成为一种理想的身份验证方式。

其次，指纹身份认证具有便捷性。与传统的密码或钥匙相比，指纹身份认证不需要用户记忆复杂的密码或携带额外的身份验证设备，用户只需将指纹放置在指纹传感器上即可完成身份验证，操作简单快捷，提高了用户的使用便捷性。

最后，由于每个人的指纹模式都是唯一的，并且指纹模式不易被伪造或冒用，因此指纹身份认证具有较高的抗伪造性和安全性。与密码相比，指纹不会被忘记或丢失，也不会被盗用，有效防止了身份被盗用的风险。

（二）视网膜身份认证技术

1. 视网膜模式的特点

视网膜模式是指眼球后壁上血管组织的排列图案，是一种用于身份认证的生物特征。其特点主要体现在其高度的唯一性和稳定性上。

（1）视网膜模式具有极高的唯一性

由于人眼睛后壁上血管组织的排列图案是每个人独一无二的，因此每个人的视网膜模式也是唯一的。这种唯一性使得视网膜模式成为一种理想的生物特征识别技术，能够准确地识别和验证个体的身份。

（2）视网膜模式具有较高的稳定性

视网膜模式的形成受遗传和环境因素影响较小，主要由个体发育过程中眼睛后壁血管组织的排列决定。一旦形成后，视网膜模式在个体的生命周期内基本保持不变，即使随着年龄的增长，其模式也保持相对稳定。这种稳定性使得视网膜模式成为一种可靠的身份认证方式，不受年龄、环境或其他因素的影响。

2. 视网膜身份认证原理

视网膜身份认证是一种利用个体独特的视网膜血管结构进行身份验证的技术。在认证过程中，系统通过摄像设备获取用户的视网膜图像，并对这些图像进行特征提取和比对，以确定用户的身份。

首先，认证过程中的关键步骤是获取用户的视网膜图像。这通常通过专用的摄像设备或成像系统完成，用户只需将眼睛对准设备进行拍摄即可。视网膜图像包含了眼睛后壁上血管组织的排列图案，是进行后续身份验证的基础数据。

其次，获取到视网膜图像后，系统会对图像进行特征提取。这一步骤涉及从图像中提取出视网膜血管的分布、交叉点、血管密度等特征。这些特征是视网膜模式的关键信息，具有较高的唯一性和稳定性，能够有效地用于个体的身份识别。

最后，通过比对算法对提取到的视网膜特征进行比对，以确定用户的身份。比对过

程主要基于对视网膜图像中血管结构的相似度计算，通过比对算法对提取的特征进行匹配，以判断是否匹配成功。如果匹配成功，系统即认证用户的身份，允许其进行后续操作或访问。

3. 应用场景与优势

视网膜身份认证技术在各个领域中具有广泛的应用，特别是在对安全性要求极高的场景中更为突出。其中，金融交易和国家边境控制等领域是视网膜身份认证技术得到广泛应用的典型场景。

首先，视网膜身份认证在金融交易领域的应用得到了广泛认可。金融交易涉及大量的资金往来和交易活动，因此对身份验证的安全性要求非常高。视网膜身份认证技术以其高度的独特性和难以伪造性，能够有效防止身份被盗用或冒用，从而保障了金融交易的安全性和可靠性。

其次，视网膜身份认证技术还适用于其他高安全性要求的场景。其优势在于其独特的生物特征识别方式，不受个体的外部环境和身体状态的影响，且难以被伪造或冒用。因此，视网膜身份认证技术被认为是一种高度安全、可靠的身份验证方式，能够为各种高安全性要求的场景提供有效的身份认证解决方案。

（三）语音身份认证技术

1. 语音特征的特点

语音特征是指个体声音所具有的频谱、声调、音高等声学特征。这些特征在语音信号处理领域被广泛应用于语音识别、语音合成等任务中。语音特征的频谱信息反映了声音在不同频率上的能量分布情况，而声调则是指声音的音调高低，音高则是指声音的频率。这些特征组合起来构成了个体的语音特征，具有一定的唯一性和稳定性。

语音特征受到个体发音器官结构的影响，每个人的喉部、口腔、舌头等发音器官结构都存在差异，这导致了每个人的语音特征都具有一定的个性化。这种个性化的差异使得语音特征具有一定的唯一性，可以用于区分不同的个体。另外，语音特征还具有一定的稳定性，即使在不同的时间点或不同的环境下，同一个人的语音特征也会保持相对稳定，这为语音识别和说话人识别等任务提供了可靠的基础。

2. 语音身份认证原理

语音身份认证是一种通过对个体声音特征进行识别和比对，验证用户身份的技术。在这一过程中，系统会采集用户的语音样本，然后提取语音特征进行分析和比对。语音身份认证的原理基于每个人的声音在频谱、声纹模式等方面都存在独特性，这些声音特征可以用于识别不同的个体。

（1）采集用户的语音样本

在这一步骤中，系统会要求用户朗读指定的文字或者进行特定的语音交互，以获取用户的语音样本。这些样本可以包括单词、短语，甚至是连续的语音对话，以确保获取足够的语音信息。

（2）提取语音特征

语音特征是从语音信号中提取的数据表示，通常包括声谱图、梅尔频率倒谱系数、线性预测编码等。这些特征能够反映语音信号的频谱、声调、音高等重要信息，具有一定的唯一性和稳定性，可用于区分不同个体的声音。

（3）比对过程

在这一步骤中，系统会将用户提供的语音样本与已存储的参考样本进行比对。比对过程主要基于声音频谱、声纹模式等特征，通过比对算法计算相似度，判断是否匹配。常用的比对算法包括动态时间规整、高斯混合模型、支持向量机等。

（4）根据比对结果进行身份认证

根据比对算法计算出的相似度值，系统会进行判断，如果相似度高于设定的阈值，则认为身份验证成功，否则认为身份验证失败。根据身份认证结果，系统会给予相应的访问权限或者拒绝访问请求。

3. 应用场景与优势

语音身份认证具有广泛的应用场景，其中包括语音识别、电话银行、语音支付等多个领域。在语音识别领域，语音身份认证可以用于识别特定个体的声音，以实现个性化的语音识别服务，例如个人助理、语音搜索等。在电话银行和语音支付等场景中，语音身份认证可以作为一种便捷的身份验证方式，用户只需通过语音交互即可完成身份验证，无须输入密码或使用其他身份验证方式，从而提高了用户的使用便捷性和体验。

语音身份认证的优势主要体现在其适用于语音交互场景、用户友好性和便捷性方面。首先，语音身份认证适用于语音交互场景，与其他生物特征识别技术相比，语音身份认证更适合于语音交互的场景，如电话银行、语音搜索等，用户可以通过语音与系统进行交互，无须额外的硬件设备或复杂的操作。其次，语音身份认证具有较高的用户友好性和便捷性，用户只需通过语音即可完成身份验证，无须记忆复杂的密码或携带特殊的设备，从而简化了用户的操作流程，提高了用户的使用便捷性。

四、访问控制

（一）访问控制概念

访问控制是信息安全领域中的关键概念，它涉及管理和控制用户对系统或资源的访问权限，以确保系统和资源的安全性。在访问控制的过程中，主要包括对用户身份的识别和验证、对用户权限的授权及对用户行为的审计等功能。

首先，识别用户身份是访问控制的基础，系统需要准确确定用户的身份信息，以便后续对其进行访问权限的管理。

其次，验证用户身份是为了确认用户所声称的身份是否真实有效，通常采用密码、生物特征识别等方法进行验证。

再次，授权用户权限是指根据用户身份和角色，授予其访问特定系统或资源的权限，

包括读取、写入、修改等操作权限。

最后，审计用户行为是为了监控和记录用户对系统或资源的访问行为，及时发现异常行为并进行相应处理，从而保障系统和资源的安全性。

总体来说，访问控制的目标是确保系统和资源只能被授权用户在其权限范围内进行访问，防止未授权的访问和恶意操作，从而维护信息系统的安全性和完整性。随着信息技术的不断发展和应用，访问控制作为信息安全的基础性措施，将继续发挥重要作用，为各种信息系统提供可靠的安全保障。

（二）自主访问控制

自主访问控制是一种重要的访问控制模型，其核心思想是基于资源所有者的控制权来管理访问权限。在这种模型下，资源的所有者拥有完全的控制权，可以自主地定义和控制对其资源的访问权限。这意味着资源所有者有权决定哪些用户可以访问资源，以及以何种方式进行访问，包括读取、写入、执行等操作。

自主访问控制模型具有以下几个特点和优势。首先，其灵活性和可扩展性强，资源所有者可以根据实际需求和安全策略，灵活地设置和调整访问权限，使其适应不同的应用场景和安全需求。这种灵活性可以帮助组织更好地应对不断变化的安全威胁和业务需求。其次，自主访问控制模型强调资源所有者对其资源的自主权，有利于促进资源的精细化管理和控制。资源所有者可以根据资源的重要性和敏感程度，对访问权限进行细致设置，确保资源的安全和完整性。此外，自主访问控制模型还可以增强用户对其资源的责任意识，增强其对资源安全的保护意识。

（三）强制访问控制

强制访问控制是信息安全领域中的一种重要的访问控制模型，它旨在通过强制性策略来限制主体对资源的访问权限，以确保系统和资源的安全性。在强制访问控制模型下，访问权限不是由主体自主控制的，而是由系统根据预先定义的安全策略和规则来强制执行的。这种模型的核心思想是确保只有具备相应安全级别或授权标签的主体才能够访问相应的资源，从而有效地防止了未经授权的访问和越权操作。

强制访问控制模型通常采用标签或标记的方式来实现，以确保资源的访问符合安全策略的规定。每个主体和资源都被赋予特定的安全级别或分类标签，系统会根据这些标签来判断主体是否有权访问特定的资源。例如，资源可能被标记为“秘密”“机密”或“非密”等级别，而主体也被分配相应的安全级别，系统会根据主体和资源的安全级别来决定是否允许访问。

强制访问控制模型的优势在于其强制性和严格性。由于访问权限由系统强制执行，即使主体试图绕过安全策略也是无效的，从而有效地减少了潜在的安全风险。此外，强制访问控制模型还可以提高系统和资源的安全性，因为它确保了只有经过授权的主体才能够访问相应的资源，从而有效地防止了未经授权的访问和数据泄露等安全问题的发生。

第三节　加密与数据保护

一、加密算法与协议

（一）对称加密算法

对称加密算法使用相同的密钥对数据进行加密和解密。常见的对称加密算法包括DES（数据加密标准）、AES（高级加密标准）和IDEA（国际数据加密算法）等。这些算法具有加密速度快、计算量小的优点，但密钥管理和分发比较复杂。

（二）非对称加密算法

非对称加密算法使用公钥和私钥进行加密和解密。公钥用于加密数据，私钥用于解密数据。常见的非对称加密算法包括RSA（Rivest-Shamir-Adleman）、DSA（数字签名算法）和ECC（椭圆曲线加密算法）等。这些算法具有密钥分发简单、安全性高的优点，但加密和解密的计算量较大。

（三）混合加密算法

混合加密算法结合了对称加密算法和非对称加密算法的优点，既能够保证密钥的安全性，又能够提高加解密的效率。常见的混合加密算法包括RSA与AES的结合等。

（四）加密协议

加密协议是在网络通信中使用的一种协议，用于保护数据的安全性和隐私性。常见的加密协议包括SSL/TLS（安全套接层/传输层安全）、SSH（安全外壳协议）和IPsec（Internet协议安全）等。这些协议通过对数据进行加密和认证，确保数据在传输过程中的安全性。

二、数据保护技术与实践

（一）数据加密

数据加密是数据保护的基础，通过对数据进行加密可以保护数据的机密性和完整性，防止数据被未授权地访问和篡改。除了使用加密算法对数据进行加密外，我们还可以采用硬件加密、文件加密和数据库加密等技术来实现数据加密。

（二）访问控制

访问控制是指对数据访问进行控制和管理，确保只有经过授权的用户才能够访问数据。常见的访问控制技术包括身份认证、授权和审计等。通过合理设置访问权限和权限管理机制，我们可以有效地保护数据的安全。

（三）数据备份与恢复

数据备份与恢复是防止数据丢失和损坏的重要手段，通过定期备份数据和建立完善的备份策略，我们可以保证数据的安全性和可用性。常见的数据备份与恢复技术包括本地备份、远程备份和增量备份等。

（四）数据遗失防护

数据遗失防护是指防止数据意外丢失或泄露的一系列措施和技术。常见的数据遗失防护技术包括数据加密、数据备份、数据恢复和数据销毁等。通过这些技术的应用，我们可以最大限度地减少数据遗失和泄露的风险，保护数据的安全性和隐私性。

（五）数据安全管理

数据安全管理是保护数据安全的一系列管理活动和措施，包括数据安全策略的制定、数据安全意识的培训和数据安全事件的响应等。通过建立健全的数据安全管理体系，我们可以加强对数据的保护和管理，提高数据安全性和可信度。

第四节　网络入侵响应

一、入侵检测系统（IDS）概述

入侵检测系统（IDS）是一种安全工具，用于监视网络或系统中的异常活动或安全事件，并根据预定义的规则或特征进行检测和报警。IDS 可以分为网络入侵检测系统（NIDS）和主机入侵检测系统（HIDS），分别用于监视网络流量和主机内部活动。

（一）入侵检测系统的定义

入侵检测系统（IDS）是一种网络安全工具，专门设计用于监视计算机网络或主机系统中的异常行为或安全事件。它通过收集、分析网络流量或主机日志数据，并应用预定义的规则或特征来检测可能的入侵活动。IDS 的主要目标是及时发现并报告潜在的安全威胁，帮助网络管理员采取相应的措施应对这些威胁，以保护网络系统的安全性和完整性。

（二）网络入侵检测系统（NIDS）

网络入侵检测系统（NIDS）是一种部署在网络边界或关键网络节点上的安全设备，用于监视和分析网络流量。NIDS 通过监测数据包的传输和分析网络协议的行为来检测潜在的入侵活动。它可以识别多种攻击类型，如网络扫描、恶意软件传播、拒绝服务攻击等，并生成警报以通知安全管理员。

（三）主机入侵检测系统（HIDS）

主机入侵检测系统（HIDS）是一种安装在主机操作系统上的软件，用于监视和分析主机内部的活动。HIDS 通过监控系统日志、文件系统和进程活动等来检测异常行为。它可以识别各种主机级攻击，如恶意代码执行、文件篡改、非授权访问等，并发出警报以及时通知管理员。

（四）工作原理

入侵检测系统（IDS）的工作原理主要包括数据收集、数据分析、警报生成和响应措施。首先，IDS 通过收集网络流量数据或主机活动日志来获取必要的信息。这些数据可以包括网络数据包、系统日志、文件系统状态等。接下来，收集到的数据经过数据分析的过程，其中应用了预先定义的检测规则或特征，以识别可能存在的入侵行为。这些规则和特征可以是基于已知的攻击模式、异常行为或恶意软件的特征来定义的。一旦检测到异常行为符合定义的入侵特征，IDS 将生成警报并发送给安全管理员或安全团队。警报可以包括有关入侵活动的详细信息，例如攻击类型、受影响的系统或主机、攻击者的 IP 地址等。最后，安全管理员根据收到的警报采取相应的响应措施。这些响应措施可能包括隔离受影响的系统或主机、阻止攻击流量、修补系统漏洞或弱点、收集证据以支持后续调查等。通过这样的工作流程，IDS 能够及时发现并响应潜在的安全威胁，帮助组织保护其网络系统的安全性和完整性。

二、入侵检测技术

（一）基于签名的检测

基于签名的入侵检测技术是一种常见且有效的方法，其核心思想是使用已知的攻击特征或模式来识别网络流量或系统日志中的恶意行为。这种方法依赖于预先定义的签名数据库，其中包含了各种已知攻击的特征或模式。当网络流量或系统日志中的数据与这些签名匹配时，系统就会触发警报并采取相应的响应措施。基于签名的检测技术的优点之一是其高度精确，因为它可以精准地识别已知的攻击模式。然而，这种方法的局限性在于对新型攻击的检测能力有限，因为它需要事先了解并维护针对已知攻击的签名数据库。

（二）基于行为的检测

基于行为的入侵检测技术通过分析系统或网络的正常行为模式，来检测异常活动。与基于签名的检测不同，基于行为的方法关注的是异常行为的模式，而不是特定的攻击签名。这种方法的优势在于能够发现未知的攻击，因为它不受先前定义的签名限制。然而，基于行为的检测技术也可能产生误报，因为某些正常的行为模式可能被误认为是异常活动。为了提高准确性，基于行为的检测系统通常会结合其他技术，如统计分析或机器学习方法，来进一步区分异常行为和正常行为。

（三）统计分析检测

统计分析检测是一种利用统计方法分析网络流量或系统日志中的模式，以检测异常活动的技术。它通过收集和分析大量的数据来识别频繁发生的模式或不寻常的事件。统计分析检测技术不依赖于先前定义的攻击签名，也不需要事先了解攻击的特征，因此我们能够发现一些新型的攻击。然而，统计分析检测技术也可能受到误报的影响，特别是在面对复杂和动态的网络环境时。为了降低误报率，统计分析检测系统通常会结合其他

技术，如基于行为的检测或机器学习方法，来提高检测准确性和鲁棒性。

三、入侵响应流程

（一）检测与警报

在入侵响应流程中，检测与警报是首要步骤。入侵检测系统（IDS）负责监视网络流量或系统日志，以发现潜在的入侵行为。当IDS检测到异常活动或与已知攻击模式匹配的流量时，它会生成警报并立即通知安全人员。这些警报可能包括关于潜在入侵的详细信息，如攻击类型、攻击来源、受影响的系统或主机等。警报的生成和及时通知对于快速响应入侵事件至关重要，因此IDS系统需要具备高效的检测算法和实时的警报机制。

（二）验证和分析

一旦安全人员接收到警报，他们将进行验证和分析，以确定是否存在真实的入侵事件。这个阶段需要对警报进行仔细审查和分析，以排除误报并确认真实的威胁。安全人员可能会检查警报中提供的详细信息，与其他安全工具和系统进行交叉验证，以确保准确性和可靠性。验证和分析阶段的目标是尽快确定入侵事件的性质、规模和影响，为后续的响应措施做好准备。

（三）响应措施

一旦确认存在入侵事件，安全人员将采取适当的响应措施来应对威胁并降低风险。这些响应措施可能包括隔离受影响的系统或网络、阻止攻击流量、修补漏洞、更新安全策略等。响应措施的选择和实施应根据入侵事件的特性和严重程度进行，以最大程度地减少损失和影响。在执行响应措施的过程中，安全人员需要密切监视系统状态和网络流量，确保措施的有效性和及时性。

（四）恢复与修复

入侵事件得到控制后，安全人员将进行系统的恢复和修复工作，以恢复正常的运行状态并防止类似事件再次发生。这包括修复受损的系统或数据、修补潜在的漏洞和安全弱点、更新受影响的软件或系统、审查和加强安全策略等。恢复与修复阶段旨在加强系统的安全性和稳定性，提高对未来威胁的抵御能力，同时也是对入侵事件的总结和反思，以改进未来的安全措施和应对策略。

第五节　无线网络安全

一、无线网络的分类

无线网络根据其用途、覆盖范围和传输速率的不同，可以分为无线广域网、无线城域网、无线局域网三种类型。

（一）无线广域网

无线广域网是指覆盖范围较广的无线通信网络，主要通过卫星进行数据交换。这种网络的特点是覆盖范围广阔，可以实现全球范围内的通信连接。目前流行的4G和5G移动通信技术都是建立在无线广域网基础上的，其传输速率可达数百兆每秒。未来随着技术的发展，新一代移动通信技术将进一步提升传输速率和网络性能。

（二）无线城域网

无线城域网是指覆盖城市范围内的无线通信网络，主要通过车载装置和移动通信设备完成数据交换。这种网络覆盖范围通常包括城区内的大部分区域，其技术核心是移动宽带无线接入技术。无线城域网注重终端设备的移动性和高速通信能力，要求在高速移动的情况下仍能保持网络连接畅通，为车载通信、智慧城市等应用提供支持。

（三）无线局域网

无线局域网是指覆盖范围较小、传输速率较高的无线通信网络。其覆盖范围一般不超过直径50至100米，传输速率可达数十兆每秒。无线局域网的技术核心包括IEEE 802.11系列和HomeRF技术。IEEE 802.11标准包括了802.11b、802.11a和802.11g等多个WLAN标准，用于解决校园局域网或办公室局域网的接入需求。这些技术工作在2.4GHz或5GHz频段，提供了高速、稳定的无线网络连接，支持多种应用场景。

二、无线网络安全问题

无线网络的安全问题是相对于有线网络而言的，主要因无线网络的开放性、移动性、拓扑结构的动态性等特点形成的。这些问题使得无线网络更容易受到各种网络攻击，包括拒绝服务攻击、窃听、数据篡改等。

（一）无线网络的开放性

无线网络的开放性是指任何处于覆盖范围内的设备都可以连接到网络。与有线网络相比，无线网络缺乏明确的物理边界，这使得网络更容易受到攻击。攻击者可以利用网络的开放性，进行信息截取、恶意注入信息或未授权使用服务等行为。例如，通过无线网络进行的DDoS攻击，攻击者可以轻易地向目标服务器发送大量虚假请求，导致网络资源耗尽，使合法用户无法访问服务。

（二）无线网络的移动性

无线网络的移动性使得设备可以在较大范围内自由移动，这增加了对接入点认证的难度，并提高了网络管理的复杂性。攻击者可以利用移动性，在无线网络覆盖范围内的任意位置对网络进行攻击，而管理人员对攻击者的追踪和定位变得困难。同时，移动设备缺乏有效的物理防护，这使得攻击者更容易实施劫持、破坏和窃听等行为。

（三）无线网络的拓扑结构缺陷

无线网络的拓扑结构动态变化，这给安全方案的实施带来了挑战。有线网络的拓扑结构相对固定，便于实施安全技术和方案。然而，无线网络的拓扑结构动态性和变化性，

导致安全隐患增加。例如，在传感器网络中，密钥管理成为一个重要问题，而在自组织网络中，信任管理是一个关键挑战。此外，无线网络中的许多决策是分散的，很多网络算法需要大量节点的协作，例如安全路由问题。攻击者可能利用这些特点实施新的攻击，破坏网络的协作机制。

三、无线网络安全策略

无线网络的安全策略是保护无线网络免受各种网络攻击和安全威胁的关键措施，它涵盖了网络的安全设计、部署、监控和响应。有效的无线网络安全策略可以保障网络的稳定性、可用性和数据的完整性，从而确保用户和组织的信息安全（图 4-1）。

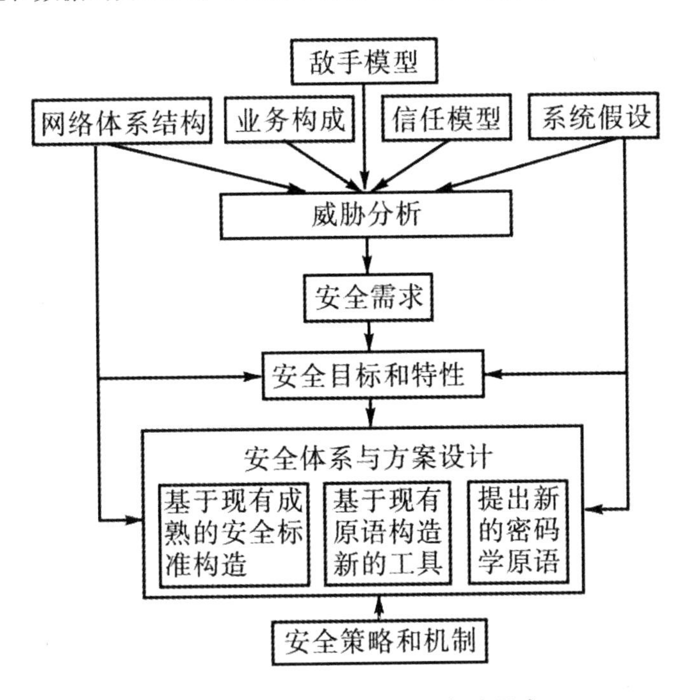

图 4–1　无线网络安全问题解决思路

（一）系统约定和假设分析

在面对无线网络攻击时，我们首先需要对系统的约定和假设进行分析。这包括网络中各个相关节点的计算和对电源、通信、存储等能力的基本假设。通过分析系统的约定和假设，我们可以更好地理解系统的运作方式和安全需求，为后续的安全策略制定提供基础。

（二）无线网络体系结构分析

第二步是对无线网络的体系结构进行分析。我们重点需要明确无线网络的网络规模、拓扑结构及其变化规律，以及节点移动速度、链路特征参数和网络异构特征等。通过深入分析无线网络的体系结构，我们可以更好地把握网络的特点和脆弱性，为安全策略的制定提供依据。

（三）业务构成及安全威胁分析

接下来，我们需要分析无线网络的业务构成和可能面临的安全威胁。这包括分析操作过程、工作流程涉及的所有相关实体及业务通信的基本内容，以及可能遭遇的安全威胁。通过对业务构成和安全威胁的分析，我们可以识别出系统的潜在漏洞和风险点，为后续的安全措施制定提供指导。

（四）信任模型分析

在设计安全策略时，我们需要对网络和系统中的信任模型进行分析。这包括明确方案涉及的相关实体和通信链路的信任程度，即通信链路或者实体是可信、半可信还是不可信的。通过信任模型的分析，我们可以确定安全的边界和信任范围，为安全策略的制定提供依据。

（五）攻击敌手模型分析

接下来，我们需要对攻击系统和网络的敌手模型进行分析。主要分析攻击来自系统内部还是外部，攻击属于主动攻击还是被动攻击，以及这些攻击可能导致的安全后果。通过敌手模型的分析，我们可以更好地了解潜在的威胁和攻击手段，为安全策略的制定提供参考。

（六）安全需求分析

对已经存在的安全隐患进行归纳，分析出无线网络共性的安全需求，包括无线网络的可用性、健壮性、保密性、完整性、认证性、信任管理和隐私保护等方面。通过安全需求的分析，我们可以明确无线网络的安全目标和所需的安全特性，为安全策略的制定提供指导。

（七）安全目标设定

在前面步骤的基础上，设定无线网络的安全目标，并确定实现这个目标需要满足的特征。安全目标应当具体明确，可操作性强，能够全面保护无线网络的安全性和稳定性。

（八）安全体系或方案确定

最后，根据安全目标和特性、网络体系结构、系统假设等因素确定无线网络的安全体系或方案。这包括设计和部署各种安全措施和技术，以满足系统的安全需求和保护网络免受各种网络攻击的威胁。安全体系或方案可能涉及加密技术、身份认证机制、访问控制策略、安全监控和日志记录等多个方面。通过综合考虑前述步骤中的分析结果，我们可以制定出针对性强、全面覆盖网络安全需求的安全方案。

第六节　云安全与虚拟化

一、云计算安全

云计算的安全问题制约着云计算产业的发展速度。从技术层面而言，安全问题的根源在于虚拟化的技术特点与共享的服务模式。

（一）云计算环境下特有的安全问题

在国内，各安全公司与信息安全从业人员也对云计算的安全问题展开了深入研究与调研。如今，云计算安全的各方面问题均被行业从业人员归类与重视。云计算安全与信息安全共有的通用安全问题已有完备的解决方案，云计算环境下特有的安全问题包括以下 5 个方面。

1. 服务模式引发的安全问题

云服务模式所引发的安全问题主要源于委托服务模式的特性，其中用户将其数据和业务委托给云服务商，而后者承担了数据存储、处理和管理的责任。然而，这种委托关系可能会导致多种安全风险的出现。首先，云平台本身可能存在漏洞，这些漏洞可能会被恶意黑客利用，从而导致用户数据泄露、服务中断或其他安全问题。其次，由于云服务商管理大量用户数据，如果其安全管理不严格或不完善，可能会导致数据泄露或未经授权的访问。此外，即使云服务商采取了一定的安全措施，但恶意内部人员的存在也是一个潜在的安全威胁，他们可能滥用权限或者故意泄露用户数据。更进一步，云服务商可能将一部分服务外包给第三方服务提供商，这种外包关系使得安全风险变得更加不可控，因为用户很难直接了解和监管这些外包服务商的安全措施和管理方式。

2. 虚拟化技术引发的安全问题

虚拟化技术作为云计算的核心基础服务，带来了许多安全问题，其中包括虚拟化技术本身固有的安全隐患及虚拟机本身可能面临的安全威胁，这些问题共同导致了云计算环境的不安全性。在虚拟化技术方面，一些安全问题可能源自虚拟化软件本身的漏洞或缺陷，这些漏洞可能被黑客利用来入侵云环境或者执行恶意操作。同时，由于虚拟化技术的复杂性，可能存在配置错误或不当使用导致的安全漏洞，例如未正确隔离虚拟机之间的网络流量，从而可能导致跨虚拟机的攻击。此外，虚拟化环境中的虚拟机本身也面临着多种安全威胁，如虚拟机跳跃攻击和逃逸攻击。虚拟机跳跃攻击指的是一个恶意虚拟机试图通过攻击宿主机的虚拟化层来攻击其他虚拟机或宿主机的行为。而逃逸攻击则是指攻击者试图从受限的虚拟机环境中逃脱，获取宿主机或其他虚拟机的权限和控制权。这些安全问题使得虚拟化环境成为潜在的攻击目标，对云计算的安全性构成了挑战。因此，为了确保云计算环境的安全性，我们必须采取有效的措施来加强对虚拟化技术和虚拟机的安全防护，包括及时修补虚拟化软件的漏洞、严格控制虚拟机的访问权限、加强对虚拟网络的监控和隔离等措施。

3. 云相关管理软件的安全问题

云安全管理软件的安全问题是云计算环境中的一个重要挑战。这些管理软件拥有访问云环境的特权，包括身份认证、访问权限控制等关键功能。因此，恶意攻击者往往将其视为攻击目标，试图获取其权限以进行非法活动。保证云安全管理软件的安全至关重要，因为一旦这些软件受到破坏，整个云环境都可能处于危险之中，用户的数据和隐私将面临泄露的风险。为确保安全管理软件能够发挥其应有的安全保护功能，我们首先需要加强对管理软件自身的安全保护措施。这包括但不限于加强软件的身份认证和访问控制、定期对软件进行安全审计和漏洞扫描、及时应用安全补丁和更新，以及建立完善的安全事件响应机制。此外，我们还需要加强对管理软件的监控和日志记录，及时发现和应对潜在的安全威胁和异常行为。

4. 云计算安全标准及体系建立问题

建立云计算安全标准和体系是确保云环境安全的关键。这些标准需要是统一的、行业认可的，并且应该包括对云服务提供商的安全性评估方法。通过这些标准和评估方法，用户可以更好地了解和区分不同云服务提供商的安全级别，从而更有针对性地选择合适的云服务。这些标准应该覆盖云计算环境中的各个方面，包括但不限于数据安全、网络安全、身份认证、访问控制、合规性和隐私保护等。此外，我们还应该建立相应的认证机构或第三方评估机构，负责对云服务提供商进行安全性评估和认证，确保其符合安全标准的要求。综合而言，建立统一的云计算安全标准和体系对于保障云环境的安全性至关重要，可以为用户提供更加可靠的云服务选择和使用指南。

5. 云计算安全监管体系建立问题

建立云计算安全监管体系是当前亟须解决的问题之一。云计算的高动态性使得攻击者可以利用多个地点发起恶意攻击，而这些攻击行为往往难以被追踪和溯源。即使攻击者被追查到，由于不同国家和地区的相关安全法律法规存在缺失或冲突，给出公平的处罚措施也面临诸多困难。目前，云环境中缺乏一种有效的安全监管体系，这导致了安全监管的不足和漏洞。因此，建立一个全面有效的云计算安全监管体系是至关重要的。这样的监管体系应该涵盖多个方面，包括但不限于数据安全、网络安全、身份认证、合规性和隐私保护等。监管体系还需要考虑到不同国家和地区的法律法规差异，建立统一的监管标准和流程，以确保云计算环境的安全性和稳定性。

（二）云计算的主要安全问题

云计算面临的安全问题是由其虚拟化的技术特点与共享的服务模式引起。云计算面临的主要安全问题源自 3 个方面：

1. 虚拟化技术产生的安全问题

相较于传统的计算机系统，虚拟化技术存在诸多优点，最典型的是提升资源的利用率，在同样的硬件环境下，允许多个用户运行各自的软件环境、应用程序与服务。但虚拟化技术也带来了诸多安全风险，如虚拟化权限的提权、运行环境信息的泄露、虚拟机跳跃攻击、逃逸攻击等。虚拟机系统由 3 个不同的功能组件组成：虚拟机管理器（Virtual Machine Manager，VMM）、虚拟机管理工具及客户端操作系统（GuestOS）。以下我们针对这 3 个组件，分别介绍可能出现的安全威胁。

（1）VMM

VMM（虚拟机管理器）安全问题主要涉及虚拟机逃逸攻击和基于虚拟化的 Rootkit 攻击。虚拟机逃逸攻击是指攻击者通过操控虚拟机，越过虚拟机所设定的运行限制环境，

直接与虚拟机管理器进行操作和信息交互的一种攻击方式。类似于传统安全系统中的提权攻击，虚拟机逃逸攻击允许攻击者攻击并控制主机操作系统，从而获取对所有虚拟机的控制权限。虚拟机逃逸攻击通常可分为两类，即缓冲区溢出导致的虚拟机逃逸攻击和基于 DMA 设备漏洞的虚拟机逃逸攻击。

缓冲区溢出是一种常见的攻击方式，其中 VMM 与虚拟机、虚拟机与虚拟机之间的通信主要通过共享缓冲区实现。如果 VMM 存在共享缓冲区的读写、擦除或覆盖等漏洞，攻击者可以利用这些漏洞编写特定程序或代码，使其被 VMM 或其他虚拟机执行，从而实现攻击目的。

另一种常见的虚拟机逃逸攻击是基于 DMA 设备漏洞的。DMA 设备具有访问物理内存任意地址的权限，如果攻击者能够获取 DMA 设备的操作权限，并逆向 VMM 代码所处的内存区域，他们就可以获取相关信息并编写攻击代码，以实现对系统的攻击目的。

（2）虚拟机管理工具

虚拟机管理工具是一组在虚拟化平台上运行的工具，用于管理宿主主机和其上运行的 GuestOS 虚拟机。这些工具包括配置 VMM 和虚拟环境的网络、管理虚拟机镜像等功能。然而，配置不当可能引起一系列安全风险，包括虚拟机监控器配置、虚拟机共享资源控制、虚拟网络配置及虚拟机镜像管理等方面的问题。

首先，虚拟机监控器配置的不当可能导致安全隐患。这包括访问控制不严、访问权限管理不当及身份认证机制不完善等问题，这使得未经授权的用户可能获取到敏感信息或系统权限。

其次，虚拟机共享资源的不当控制也可能带来安全风险。虚拟化技术的便利性使得共享资源的访问变得容易，但如果控制不当，恶意虚拟机可能会强行占用资源，导致其他虚拟机无法访问，进而耗尽物理平台的资源。

再次，虚拟网络配置不当也是一个潜在的安全隐患。由于虚拟机与 VMM，以及虚拟机之间的通信都在同一物理环境下进行，通信数据可能缺乏必要的监管手段，这使得攻击者可以进行相互嗅探或 ARP 攻击等恶意行为。

最后，虚拟机镜像管理、迁移、回收报废机制不完善也可能导致安全问题。虚拟机镜像的管理不严格可能导致恶意代码或后门被注入镜像中，或者镜像文件未能及时更新，使得系统处于不安全的状态。此外，虚拟机迁移过程中可能存在的安全问题包括对迁出端和迁入端的攻击，如基于 ARP 欺骗的攻击、非法复制及中间人攻击等。

（3）客户端操作系统（GuestOS）

由于云服务商并没有统一的准入制度，这可能会导致正常租户的虚拟机与黑客的虚拟机在同一台代理服务器上运行。由于租户缺乏对物理资源和虚拟化资源的管理权限，无法准确了解自己的“邻居”是谁。如果恶意“邻居”攻击了同一物理服务器上的其他租户，那么这可能对租户的计算环境造成安全威胁。当前，租户主要面临两类安全威胁。

首先是租户间攻击导致的数据泄露。在多租户共享同一云计算环境时，存在同一物理环境下其他租户的攻击风险。例如，如果租户 A 和租户 B 的虚拟机运行在同一台物理服务器上，租户 A 可能通过虚拟机逃逸的方式攻击租户 B，从而获取租户 B 虚拟机的相关信息，例如通过解密运算时的统计 Cache 调用时间来推断其使用的加密密钥等敏感信息。

其次是租户共谋攻击导致的信息泄露。尽管现有的云计算环境已经配备了云防火墙、云杀毒软件等安全产品，但难以避免的是租户内部人员可能通过隐蔽通道的方式泄露信息。这种隐蔽通道具有极高的隐蔽性，这使得其极难被发现。例如，通过统计两个网络数据包之间的时间间隔进行隐蔽通道通信。这种隐蔽通道的存在使得租户内部安全问题的发现变得困难，因为利用它可以将任何秘密信息在不被察觉的情况下传递出去。

2. 云服务模式产生的数据安全问题

用户数据从上传到云端到完全销毁称为一份数据的生命周期。数据安全生命周期分为创建、存储、使用、共享、存档和销毁 6 个阶段。我们将数据安全生命周期精简为存储、使用和删除 3 个阶段，分别从这 3 个阶段介绍可能存在的安全风险。

（1）数据存储安全

由于云计算的独特共享服务模式，用户的数据与其本身相分离，这导致了数据的安全性方面存在一定的隐患，包括数据的完整性、隐私性等方面。

首先，从数据机密性的角度来看，许多云存储服务商基于像 GFS 或 HDFS 这样的系统来存储和处理大数据，尤其是与 Web 相关的应用。然而，用户的文件通常是以明文的形式存储在文件系统中，这就意味着数据的机密性无法得到有效保障。

其次，从数据完整性的角度来看，存储在云端的数据通常需要经常进行更新。但是，一旦虚拟机或文件系统受到恶意病毒的感染，攻击者就可以观察用户对存储在云端数据的更改，甚至有可能自行修改这些数据，从而导致数据的完整性无法得到有效保障。

最后，从服务可用性的角度来看，云服务商的管理失误或者服务器异常可能会导致数据丢失或服务不可用的情况发生。这样的事件在近几年内频繁发生，因此服务的可用性也无法得到有效保障。

（2）数据使用安全

在云计算环境下，数据的使用安全面临着诸多挑战。首先，云数据的所有者和服务提供商通常位于不同的地域，这意味着数据在使用过程中可能会受到不同国家和地区法律政策的监管和执行。这可能导致数据操作行为被监控，从而引发隐私泄露的风险。

其次，由于数据存储在云端，其物理控制权不在数据所有者手中，这增加了数据的风险。在数据使用过程中，通常需要以明文形式处理数据，这使得数据更容易受到黑客的窥探和攻击。因此，数据的机密性无法得到有效保障。

（3）数据删除安全

在云计算环境下，数据删除安全是一个重要而复杂的问题。云用户通常无法确定其删除的数据是否被云服务提供商真正删除。这是因为云服务商为了提高服务效率，可能会将未被访问或很少访问的数据删除或迁移到较低级别的存储介质上，以释放存储空间

和优化资源利用率。然而，这种做法可能导致用户的数据机密性受到威胁，因为即使数据被删除，但其仍然存在于存储介质上，并可能被未经授权的人访问和恢复。

为了提高服务的可靠性，云服务商可能会对数据进行多点备份，并分布在不同的服务器上。当用户要求云服务提供商删除其数据时，云服务提供商可能仅对部分存储数据进行了删除，而不是所有数据及其备份。这意味着即使用户认为数据已被删除，但在实际情况下，数据的副本仍可能存在于其他位置，从而增加了数据被恢复和访问的风险。

此外，即使成功删除了数据，仍然存在数据残留的问题。数据残留是指数据在被擦除后留下的物理痕迹，即使存储介质上的数据已经被删除，但仍可能通过专门的技术手段进行恢复和重建。这种情况下，用户的敏感信息仍有可能被泄露，从而导致严重的安全问题。

3. 云平台恶意使用产生的安全问题

云计算模式下，云服务商给用户提供相应的服务，但用户如何使用这些服务，云服务商并不对其进行审核，其开放共享、按需资源分配服务的特征结合在一起，使得云计算资源更加容易被滥用，攻击者利用云计算资源，作为其恶意行为的攻击基础，如大规模僵尸网络攻击、拒绝服务攻击等恶意行为。

（1）云资源的恶意使用

云资源的恶意使用是云安全领域的一个重要问题。首先，云资源滥用是指恶意攻击者利用云计算的高性能和低成本特性，通过 DDoS 攻击等手段对云平台进行攻击，以达到影响云计算服务可用性的目的。DDoS 攻击是一种常见的云资源滥用方式，通过消耗大量带宽或服务器资源来使云服务不可用。带宽消耗型攻击和资源消耗型攻击是两种常见的 DDoS 攻击类型，它们利用不同的技术手段对云资源造成滥用。带宽消耗型攻击会引起流量、数据包数量分布、访问源地址数量等方面的变化，导致网络拥塞和数据传输时延增加。而资源消耗型攻击则通过各种技术手段对服务器资源进行消耗，例如协议分析攻击、LAND 攻击、CC 攻击等，进而影响云计算服务的可用性。

其次，云资源的非法使用也是一个严重的问题。云计算服务提供商为客户提供了实时的几乎无限制的计算、网络和存储资源，这些资源的强大性也为一些用户的非法行为提供了便利条件。例如，恶意用户可能利用云计算服务进行僵尸网络攻击，利用云资源进行大规模的 DDoS 攻击或其他网络攻击活动，从而给云计算环境和其他用户带来严重的安全威胁。

（2）恶意用户的非法访问

在云计算环境中，恶意用户的非法访问是一种严重的安全风险，可能导致用户数据泄露、服务中断等严重后果。云服务商通过应用程序接口（API）向用户提供服务和管理服务实例的功能，这些 API 负责配置、管理、监控云计算环境的各项业务流程。然而，正是由于这些 API 的存在，云环境面临着来自恶意用户的非法访问的威胁。

首先，恶意用户可能利用 API 建立连接时产生的漏洞进行非法访问。API 作为用户与云服务提供商之间的桥梁，连接着用户的请求和云计算环境的各项服务。然而，如果在建立这些连接的过程中存在漏洞，恶意用户就有可能利用这些漏洞绕过正常的身份验证和访问控制机制，从而非法获取或篡改用户数据，甚至是控制云计算环境中的各种资源。这种情况下，云环境的安全性和稳定性将受到极大的威胁。

其次，恶意用户也可能利用 API 协议自身存在的漏洞进行非法访问。例如，一些不安全的 SSL 连接或者 SOAP 协议的缺陷可能被恶意用户利用来绕过传输层的安全保护机制，直接对云计算环境发起攻击或者窃取敏感信息。特别是在云计算环境中，大量的数据和敏感信息通过 API 进行传输和交换，如果 API 协议本身存在安全漏洞，恶意用户就有可能利用这些漏洞轻易地获取到用户的数据，造成严重的安全问题。

（3）面向多租户产生的安全问题

无论是私有云还是公有云都会存在多租户的现象，多租户的情况不可避免地会有资源的共享，共享资源会不可避免地存在恶意租户，通过这些共享资源可攻击其相邻的租户。以下部分根据攻击者的不同，我们从租户间攻击和租户共谋攻击两方面探讨了相关的技术手段。图 4-2 为租户间攻击和租户共谋攻击示意图。租户间攻击可通过侧信道的方式，租户 B 可通过观察与租户 A 共用 CPU 的 Cache 调度情况，经统计分析，得到租户 A 在 AES 加密过程中所使用的 AES 密钥；租户共谋攻击可通过隐蔽信道的方法将信息泄露出去，隐蔽信道可分为不同物理环境之间的隐通道（图 4-2 中 CC1）、相同物理环境上不同虚拟机内部的隐通道（图 4-2 中 CC2）、相同物理环境上不同虚拟机间的隐通道（图 4-2 中 CC3）。

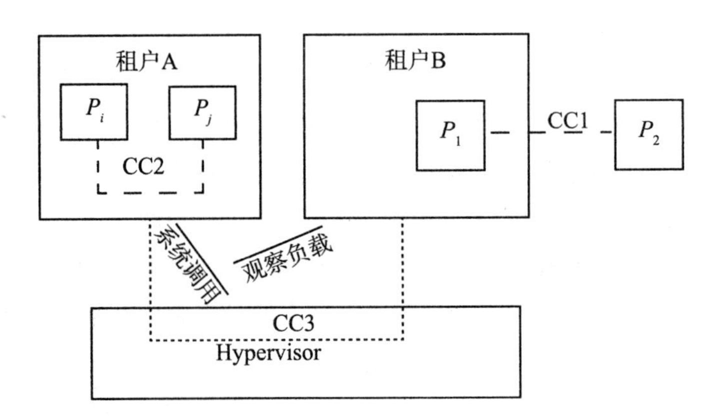

图 4-2　租户间攻击和租户共谋攻击示意图

二、虚拟化安全与管理

服务器虚拟化是一种将物理服务器的硬件资源抽象成逻辑资源，并基于这些逻辑资源创建和管理虚拟服务器的技术过程。传统的服务器部署模式通常是一机一系统，这导致硬件资源的利用率较低，通常在 5% 到 15%。而采用虚拟化技术后，物理服务器的硬件资源被抽象成一个逻辑的资源池，这使得可以实现一台物理服务器上运行多个虚拟服务

器的情况，从而大大提高了资源的利用率，通常可达到 60% 到 80%。这种资源利用率的提高不仅可以节省成本，还可以简化系统管理，并且引入了一系列新的管理特性，如负载均衡、动态迁移、高可用性、容错机制和故障隔离等，这使得服务器的部署、管理和应用更加节能、高效和稳定。此外，这也为云计算的发展提供了坚实的基础。

（一）服务器虚拟化常见的安全风险

1. 虚拟服务器之间的相互攻击

在服务器虚拟化技术出现之前，各个服务器之间通常是以物理形态独立存在的，彼此之间的网络流量可以通过多种方式进行监听、检测和过滤。例如，可以利用流量镜像和 Netflow 技术进行流量监听，也可以通过防火墙或入侵检测系统（IDS）等安全设备对网络流量进行检测和过滤。然而，随着服务器虚拟化技术的广泛应用，一台物理主机上可以同时运行多个虚拟服务器，这些虚拟服务器之间通过虚拟交换机（vSwitch）进行通信。由于 vSwitch 嵌入虚拟化平台中，因此虚拟服务器之间的数据流往往处于隐蔽状态，无法像物理服务器一样被外部安全设备所检测和过滤。

通常情况下，网络安全设备和审计系统都被部署在代理服务器的外部，主要用于监控和保护物理网络的安全。然而，由于无法直接监控和过滤物理主机上各个虚拟服务器之间的通信数据，即所谓的“东西向”流量，这就为虚拟服务器之间的相互攻击提供了可能性。如果一台虚拟服务器受到了网络攻击并被成功入侵，攻击者便可以利用这台虚拟服务器作为跳板，对其他虚拟服务器进行攻击。由于虚拟服务器之间的通信流量往往不经过外部安全设备的检测，因此攻击者可以在不被察觉的情况下对其他虚拟服务器进行攻击，从而造成更大范围的安全风险和损失。

2. 虚拟化平台的漏洞

虚拟化平台，也称为虚拟化层，是虚拟化技术的核心组成部分，其主要功能是将物理服务器的硬件资源抽象成逻辑资源，并根据需要分配给虚拟服务器。在企业的局域网环境中，一种常见的虚拟化平台是建立在私有云之上的 VMware ESXi 主机。ESXi 是一种裸机虚拟化操作系统，直接安装在物理服务器上，并且与互联网隔离开来，其主要作用是为虚拟机提供运行环境和资源管理功能（图 4-3）。

然而，虽然虚拟化平台为企业提供了灵活性和效率，但它也存在着一些安全漏洞和风险，这些漏洞可能会被网络攻击者利用，从而对企业的数据和业务造成威胁和损失。其中，最为关键的是平台软硬件漏洞的存在。由于虚拟化平台直接安装在物理服务器上，并且与互联网隔离，其补丁库可能无法及时更新，导致平台软件和硬件存在漏洞无法及时修复的情况。网络攻击者可以利用这些漏洞来攻击虚拟服务器的宿主机，一旦攻击者成功获取了 VMware ESXi 的管理权限，就能够对该平台上的任意虚拟服务器进行管理和控制。

具体而言，一旦攻击者掌控了虚拟化平台的管理权限，其可能会对平台上的虚拟服务器进行恶意操作，例如整体复制或替换。这意味着攻击者可以轻易地复制或替换企业的虚拟服务器，从而获取敏感数据或者干扰正常业务运行。此外，攻击者还可能利用虚拟化平台的漏洞来执行其他类型的攻击，例如虚拟机逃逸攻击或基于虚拟化的 Rootkit 攻击，从而进一步危害企业的信息安全。

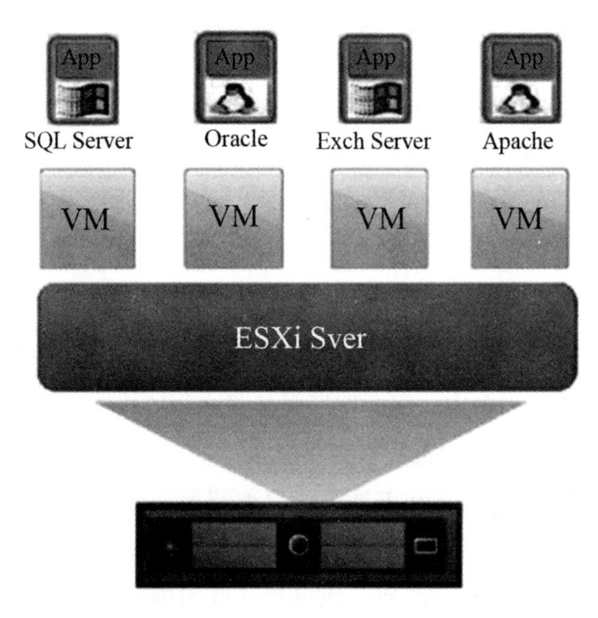

图 4–3　VMware ESXi 服务器虚拟化示意图

3. 虚拟化管理程序的安全问题

虚拟化管理程序位于虚拟化环境的管理层次上，其功能相对于虚拟化平台更加强大，可以集中管理多个虚拟化平台及它们承载的虚拟服务器。虚拟化管理程序作为一个应用程序存在，具有广泛的应用，如图 4-4 所示，vSphere 虚拟化套件中的 vCenter Server 就是其中的核心管理程序。在逻辑上，虚拟化管理程序独立于底层的虚拟化平台，但在实际应用中，它能够同时管理多个底层虚拟化平台，如 ESXi 主机。虚拟化管理程序可以安装在不同的操作系统上，例如 Windows 服务器或者 SuSE Linux 虚拟机。

然而，虚拟化管理程序也存在着一些安全问题。作为一个应用程序，虚拟化管理程序也面临着被恶意软件或病毒入侵的风险。一旦虚拟化管理程序被入侵，可能会导致严重的后果，影响相关虚拟化平台和虚拟服务器的正常运行。例如，入侵后的虚拟化管理程序可能被用来执行恶意操作，破坏虚拟化环境的稳定性和安全性。

虚拟化管理程序的安全性也影响到了虚拟化环境中一些高级特性的可用性。例如，虚拟化管理程序通常负责管理动态迁移、高可用性、容错机制和分布式资源调度等功能。如果虚拟化管理程序受到攻击或受到病毒感染，这些高级特性可能会受到影响，导致无法正常使用。这对于企业的业务稳定性和可靠性都构成了潜在的威胁。

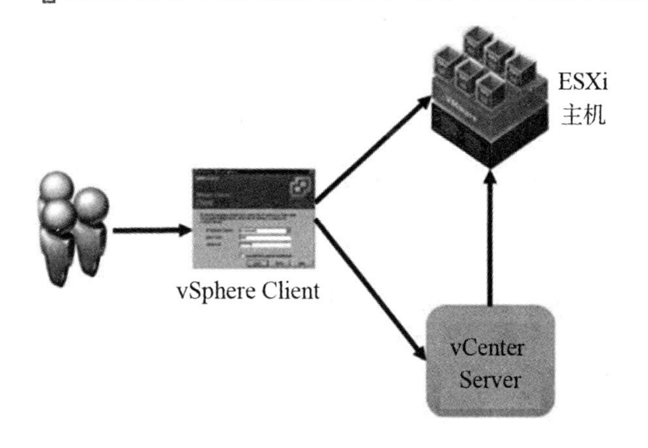

图 4-4　VMware 服务器虚拟化管理逻辑图

（二）应对服务器虚拟化安全风险的措施

1. 单体物理服务器虚拟机的安全防范

在单个代理服务器上运行的虚拟机之间的通信通过 vSwitch 进行，流量不会经过物理网卡，对外不可见。为了确保单体物理服务器上的虚拟机的安全防护，我们可以从以下几个方面考虑。

首先，应该在每个虚拟机上安装基于操作系统的防火墙、杀毒软件、日志记录和恢复软件等安全工具，并且及时进行操作系统补丁更新和杀毒软件更新。特别是在使用快照恢复虚拟机后，我们必须进行安全更新检查，以确保系统的安全性和稳定性。然而，防火墙和杀毒软件会消耗大量资源，在物理主机硬件资源和带宽有限的情况下，多个虚拟机上运行的防火墙和杀毒软件会明显降低服务器的性能和响应速度。因此，在部署这些安全工具之前，我们需要对虚拟服务器的负载能力进行预测和压力测试。

其次，我们可以在 vSwitch 上创建 VLAN，将服务器按照不同的安全等级划分到不同的端口组，并将其映射到不同的 VLAN。这样一来，虚拟服务器之间的通信需要经过物理网卡和外部交换机，实现了虚拟服务器间的隔离。这种做法将虚拟服务器间的“东西向”流量转化成为“南北向”流量，这使得可以利用外部安全设备对流量进行检测和过滤，增强了流量的安全性和隔离性。

为了降低被恶意攻击的风险，我们可以采取一些措施来增强虚拟服务器的安全性。例如，关闭不必要的应用程序和不常用的通信端口，以减少潜在的攻击面。同时，我们也需要制定并实施合适的备份策略，定期对配置文件、虚拟机文件和重要数据进行完整、增量或者差量备份，以便在发生不法入侵后进行数据恢复。

2. 虚拟化平台的安全防范

虚拟化平台作为调度硬件资源和承载虚拟服务器的软件系统，在构建和管理虚拟化环境时，安全防范至关重要。首先，为了确保系统安全，我们必须防止非法登录。虚拟化平台如 ESXi 采用了严格的用户身份认证机制，可以通过本地管理用户群组或者集成微软的 Active Directory 等方式实现。这样可以有效控制用户的访问权限，防止未经授权的用户访问系统。

其次，为了及时修复已知漏洞，我们需要对系统补丁进行定期更新。在 vSphere 虚拟化环境中，VMware 公司提供了 VUM（vSphere 更新管理器）集成组件，用于从互联网下载补丁和补丁元数据，并将其应用到本地系统中，以修复 ESXi 主机和虚拟服务器上的漏洞。

最后，对于物理主机上的硬件驱动程序，我们也需要及时更新以填补硬件漏洞，减少外部攻击的风险。ESXi 平台本身也包含了防火墙功能，可以对通信端口进行最小化开启，只开放与常用功能相关的必要端口，从而减少系统暴露在外部网络中的风险。此外，对于需要虚拟服务器与平台进行连接或文件共享的情况，建议采用 VPN 方式进行通信，以加密数据传输，防止间谍软件、木马、病毒和黑客等恶意攻击。通过以上安全措施的综合应用，我们可以有效提升虚拟化平台的安全性，保障系统的稳定运行和数据的安全性。

3. 虚拟化管理程序的安全防范

虚拟化管理程序对其管理的虚拟化平台和虚拟服务器具有完全的访问权限，因此，保障虚拟化管理程序的安全性至关重要。以 VMwarevSphere 虚拟化的管理核心 vCenterServer 为例，其安全防范主要包括系统自身的访问控制安全和系统更新两个方面。

首先，就访问控制安全而言，vCenterServer 作为虚拟化管理的核心，其管理功能和权限异常强大，因此必须采取有效措施防止非授权用户登录系统。其中，加强用户身份认证机制至关重要。通过设置强密码策略、实施多因素身份验证等措施，我们可以有效减少未经授权的访问。同时，保护存储 vCenter 配置数据的数据库也是至关重要的一环。vCenter 的数据库包含了诸多敏感信息，如角色、许可、事件、任务等，一旦被未授权用户访问，可能导致严重的安全问题。因此，采取合适的措施对数据库进行保护，如限制数据库访问权限、实施加密措施等，能够有效降低系统面临的风险。在安全级别要求较高的大型虚拟化环境中，我们建议将 vCenter 数据库单独部署于一台专用服务器上，以进一步提升安全性。

其次，针对系统更新方面，vCenterServer 的安全性也需要定期进行系统更新。这包括操作系统的更新、防病毒软件的更新、vCenter 管理程序的更新及 vCenter 数据库的更新等。通过及时安装最新的补丁和更新，我们可以修复已知漏洞，提升系统的整体安全性。特别值得注意的是，在更新过程中我们应当采取适当的措施，如使用 vSphere 更新管理器（VUM）等工具，确保更新的安全性和有效性。此外，vCenterServer 与 VUM 实例之间应建立一一对应的关系，以确保更新流程的完整性和正确性。

第五章　网络攻防技术

第一节　常见网络攻击与威胁

一、攻击类型与特征

（一）拒绝服务攻击（DoS）

拒绝服务攻击（Denial of Service，DoS）是一种常见的网络攻击方式，其主要目的是通过使目标系统或网络资源过载，导致其无法提供正常的服务，从而使合法用户无法访问或使用目标系统。攻击者通常会利用合法或非法手段向目标系统发送大量的请求或恶意流量，以消耗目标系统的计算资源、带宽或网络连接，导致系统性能下降或服务中断。DoS 攻击的特征包括以下几个方面：

1. 大量请求

攻击者通常会向目标系统发送大量的请求，超出系统正常处理能力的范围。这些请求可能是合法的网络请求，也可能是特意构造的恶意数据包。

2. 异常的网络流量模式

由于攻击者发送的请求量大，目标系统的网络流量模式会出现异常。通常情况下，目标系统的入口流量会突然增加，而出口流量则可能会减少或变得不规律。

3. 服务不可用

由于目标系统被大量恶意请求淹没，其资源被耗尽，导致正常用户无法访问或使用服务。这种情况下，目标系统可能会变得极其缓慢或完全无法响应合法用户的请求。

（二）分布式拒绝服务攻击（DDoS）

分布式拒绝服务攻击（Distributed Denial of Service，DDoS）是一种规模更大、更具破坏性的攻击形式，与传统的 DoS 攻击相比，DDoS 攻击通常涉及多个攻击源，同时对目标系统发起大量的请求或恶意流量。DDoS 攻击的特征包括以下几个方面：

1. 多个攻击源

DDoS 攻击通常涉及多个分布在不同地理位置的攻击源，这些攻击源可能是由僵尸网络（Botnet）控制的受感染设备、代理服务器或合法网络设备。

2. 协同攻击

攻击源之间可能会协同工作，采取分布式方式对目标系统发起攻击。这些攻击源可能会同时发起各种类型的攻击，如 SYN 洪水、UDP 洪水、HTTP 请求洪水等。

3. 掩盖身份

攻击者通常会采取措施来掩盖自己的身份，使其难以被追踪和定位。他们可能会使用代理服务器、匿名网络或伪造源 IP 地址等手段来隐藏攻击源的真实身份。

（三）网络钓鱼（Phishing）

网络钓鱼（Phishing）是一种利用虚假的电子邮件、网页或消息等手段，诱骗用户提供个人敏感信息的攻击行为。网络钓鱼攻击通常通过仿制合法机构的网站或邮件来诱导用户点击链接、输入账号密码、财务信息等敏感信息，从而窃取用户的个人信息或资金。网络钓鱼攻击的特征包括以下几个方面：

1. 虚假网页或邮件

攻击者通常会伪装成合法机构或知名品牌，制作与原始网站或邮件相似度极高的虚假网页或邮件。这些虚假网页或邮件的外观和内容往往与正规的网站或邮件几乎一模一样，很难让用户分辨真伪。

2. 欺骗性信息

虚假网页或邮件往往包含欺骗性信息，目的是引诱用户点击链接、输入个人敏感信息。攻击者可能会声称用户的账号出现异常、需要更新信息、中奖等，以制造一种紧急或诱人的情境，诱使用户轻易相信并采取行动。

二、威胁评估与防范

（一）威胁评估

1. 全面评估网络环境

威胁评估的首要任务是对网络环境进行全面评估。这包括分析网络拓扑结构、系统架构、应用程序、数据流动方式等方面。通过了解网络的组成部分和运行方式，我们可以更好地识别潜在的威胁来源。

2. 漏洞分析与风险评估

对系统和应用程序进行漏洞分析是威胁评估的重要一环。通过扫描系统和应用程序，发现潜在的安全漏洞，并评估这些漏洞对网络安全的风险程度。这种评估可以帮助确定哪些漏洞是最紧急需要修复的，以及可能被利用的攻击路径。

3. 用户行为分析

用户行为是网络安全的一个重要方面。评估用户的行为模式、权限分配和访问控制机制，可以帮助发现潜在的内部威胁和安全风险。此外，我们还可以对员工的网络安全意识进行评估，了解员工对网络安全的重视程度，从而采取针对性的培训和教育措施。

4. 威胁情报分析

定期收集和分析威胁情报是威胁评估的重要组成部分。通过关注安全社区、安全厂商发布的漏洞信息、已知攻击技术和最新威胁趋势，我们可以及时了解当前的威胁形势，并评估这些威胁对自身网络的影响程度。

（二）防范措施

1. 网络流量过滤

部署网络流量过滤设备，对流量进行实时监测和过滤，识别并阻止恶意流量进入网络，减轻网络拒绝服务攻击的影响。

2. 入侵检测系统（IDS）

部署入侵监检系统，监视网络和系统的活动，及时发现异常行为和潜在的攻击活动，并生成警报通知安全管理员进行处理。

3. 访问控制与权限管理

强化访问控制机制，实施最小权限原则，限制用户对系统和数据的访问权限，防止未经授权的访问和数据泄露。

4. 安全意识教育

加强员工的网络安全意识教育，提高员工识别网络钓鱼、恶意软件等威胁的能力，减少内部安全漏洞的发生。

5. 定期漏洞修复

定期对系统和应用程序进行漏洞扫描和修复，及时安装补丁，关闭已知漏洞，减少攻击者利用漏洞入侵的可能性。

6. 备份与恢复

建立完善的数据备份和恢复机制，定期备份关键数据，并测试恢复流程，以应对可能的数据泄露、损坏或勒索软件攻击。

第二节　入侵检测与防御

一、入侵检测系统

（一）网络入侵检测系统（NIDS）

网络入侵检测系统（NIDS）是一种用于监控网络流量和检测异常行为的安全工具。它位于网络中的关键节点上，如网络边界、内部网关等位置，通过分析网络数据包和流量模式来发现潜在的入侵行为。

1. 工作原理

NIDS 通过捕获网络数据包，并对其进行深度分析，以检测可能的入侵行为。它可以基于预先定义的规则集或模型来识别恶意流量、攻击模式或异常行为。一旦发现异常，NIDS 会触发警报，并通知安全管理员进行进一步的调查和响应。

2. 部署位置

NIDS 通常部署在网络的关键位置，包括网络边界、内部网关、重要服务器等地方。这样可以确保对整个网络流量进行监控，并及时发现可能的入侵行为。

（二）主机入侵检测系统（HIDS）

主机入侵检测系统（HIDS）是一种安装在主机上的安全软件，用于监视主机的系统活动并检测异常行为。它可以监视系统日志、文件系统、进程活动等，并与主机本身的安全特性结合，提供更为详细和精确的安全事件信息。

1. 工作原理

HIDS 通过监视主机的系统状态和行为，来检测可能的入侵行为或异常操作。它可以分析系统日志、监视文件系统的变化、检查进程的行为等，以发现潜在的威胁。

2. 部署位置

HIDS 通常安装在需要保护的重要主机上，如关键服务器、数据库服务器等。每台主机都可以安装独立的 HIDS 软件，以提供针对性的安全监控和保护。

二、防御策略与实践

（一）多层防御

多层防御是一种综合的安全策略，旨在通过在网络、主机和应用程序等不同层面上实施多种安全措施，以增强整个系统的安全性。这种策略认为单一的安全措施可能存在漏洞或不足之处，因此通过叠加多层次的防御措施，可以提高系统对各种威胁的抵御能力。

1. 网络层防御

在网络层，常见的防御措施包括网络防火墙、入侵检测与防御系统（IDS/IPS）、虚拟专用网络（VPN）等。网络防火墙可过滤网络流量，阻止未经授权的访问；IDS/IPS 系统可监控网络流量，并检测和阻止潜在的入侵行为；VPN 则提供加密通信通道，保护数据在传输过程中的安全。

2 主机层防御

在主机层，我们可以部署反病毒软件、主机入侵检测系统（HIDS）、操作系统漏洞修补等措施。反病毒软件可检测和清除恶意软件，保护主机免受病毒和恶意代码的侵害；HIDS 可监视主机上的系统活动，及时发现异常行为；操作系统漏洞修补则可以及时修复系统漏洞，减少攻击面。

3. 应用层防御

在应用层，我们可以实施访问控制、安全审计、强化身份验证等措施。访问控制可以限制用户对敏感数据和功能的访问权限，减少未经授权的访问；安全审计可以记录和分析系统和用户活动，发现潜在的安全威胁；强化身份验证则可以确保用户身份的真实性，防止身份伪造和未经授权的访问。

（二）安全意识培训

安全意识培训是一种重要的安全实践，旨在提高组织员工对网络安全重要性的认识和理解，增强其识别和应对网络威胁的能力。通过定期的培训和教育，我们可以帮助员工建立正确的安全意识，减少安全事件的发生率，保护组织的信息资产和业务运作。

1. 培训内容

安全意识培训内容包括但不限于网络安全基础知识、常见威胁和攻击手段、安全最佳实践、数据保护和隐私保护等方面。培训内容应根据员工的角色和工作职责进行量身定制，以确保培训的有效性和实用性。

2. 培训形式

安全意识培训可以采用多种形式，我们包括在线课程、面对面培训、安全演练和模拟攻击等。通过多样化的培训形式，我们可以满足不同员工群体的学习需求，提高培训的吸收和参与度。

3. 持续改进

安全意识培训是一个持续改进的过程，应定期评估培训效果，并根据反馈意见和实际需求进行调整和优化。同时，我们还可以通过定期的安全演练和模拟攻击，检验员工的应对能力，并及时弥补安全意识的漏洞和不足。

第三节　安全漏洞与修复

一、安全漏洞概述

（一）漏洞类型

1. 缓冲区溢出

缓冲区溢出是指程序在向缓冲区写入数据时，超出了缓冲区的边界，导致数据覆盖了相邻内存区域的现象。攻击者可以利用这一漏洞向缓冲区注入恶意代码或数据，从而执行未经授权的操作。

2.SQL 注入

SQL 注入是一种常见的 Web 应用程序漏洞，攻击者通过在用户输入的数据中插入恶意的 SQL 语句，以欺骗服务器执行恶意操作，如数据库查询、删除或修改。成功利用 SQL 注入漏洞可能导致数据库信息泄露、数据篡改或服务器被控制。

3. 跨站脚本攻击（XSS）

跨站脚本攻击是一种利用 Web 应用程序未正确验证和过滤用户输入数据的漏洞，攻击者通过在网页中注入恶意脚本，使其在用户浏览器中执行，从而窃取用户信息、劫持会话或篡改网页内容。

（二）漏洞影响

1. 机密性受损

安全漏洞可能导致系统中的敏感信息被攻击者窃取或泄露，如用户账号、密码、个人身份信息等。这种情况下，用户的隐私权受到侵犯，可能引发个人信息泄露和身份盗窃等问题。

2. 完整性受损

攻击者利用漏洞可能修改系统中的数据或文件，破坏数据的完整性和可信度。例如，恶意注入 SQL 语句导致数据库中的数据被篡改，或者通过缓冲区溢出攻击修改系统关键文件，导致系统崩溃或功能异常。

3. 可用性受损

某些漏洞可能导致系统服务的中断或降级，使得用户无法正常访问或使用系统。例如，针对网络服务的拒绝服务（DoS）攻击利用系统漏洞造成系统资源耗尽，导致服务不可用，给用户造成困扰和损失。

4. 风险加剧

漏洞存在的系统面临被攻击的风险，攻击者可能利用漏洞进行恶意操作，如植入恶意软件、发起网络钓鱼攻击、窃取敏感信息等。这些行为可能导致进一步的安全问题和损失，给组织和用户带来严重的风险和威胁。

二、修复流程与方法

（一）漏洞扫描与评估

1. 漏洞扫描工具选择

在进行漏洞扫描之前，我们首先需要选择合适的漏洞扫描工具。市面上有许多商业和开源的漏洞扫描工具可供选择，如 Nessus、OpenVAS、Nexpose 等。根据系统和应用程序的特点和需求，选择适合的漏洞扫描工具进行扫描。

2. 扫描范围确定

在进行漏洞扫描之前，我们需要确定扫描的范围和目标，可以针对整个系统、特定的网络段、特定的应用程序或网站进行扫描。根据实际情况和需求，确定扫描的范围和目标，确保全面覆盖和准确识别潜在漏洞。

3. 扫描策略配置

在进行漏洞扫描时，我们需要配置相应的扫描策略和参数。根据扫描对象的特点和安全需求，设置扫描的深度、频率、目标端口、漏洞检测规则等参数，以确保扫描的准

确性和有效性。

4. 扫描执行与结果分析

执行漏洞扫描后，我们需要对扫描结果进行详细分析和评估。分析扫描报告，识别和确认潜在漏洞的类型、严重程度和影响范围，为后续的漏洞修复工作提供参考和指导。

（二）漏洞修复与补丁更新

1. 安全补丁获取

根据漏洞扫描结果和厂商发布的安全公告，获取相关的安全补丁和更新程序。我们可以从官方网站、厂商提供的安全通知、安全邮件订阅等渠道获取最新的安全补丁信息。

2. 补丁安装与测试

安装安全补丁前，我们应先在测试环境中进行充分的测试和验证，确保补丁不会影响系统的稳定性和正常运行。在测试完成后，我们再将安全补丁应用到生产环境中，及时修复系统中存在的安全漏洞。

3. 定期更新与管理

定期检查和更新系统及应用程序的安全补丁，及时修复已知漏洞。建立漏洞管理制度，跟踪和管理系统中存在的漏洞，确保漏洞修复工作的及时性和有效性。

（三）安全配置与加固

1. 关闭不必要的服务

对系统进行安全配置，关闭或禁用不必要的服务和端口，减少系统的攻击面，降低被攻击的风险。

2. 加强访问控制

配置强密码策略、访问控制列表（ACL）、访问权限等安全措施，限制用户的访问权限，防止未授权访问和恶意操作。

3. 部署防火墙和安全网关

部署防火墙、入侵检测系统（IDS）、入侵防御系统（IPS）等安全设备，监控和过滤网络流量，阻止恶意攻击和未经授权的访问。

4. 使用安全加密协议

在网络通信和数据传输中使用安全加密协议，如 SSL/TLS 协议，保护数据的机密性和完整性，防止数据被窃取或篡改。

（四）监测与响应

1. 建立安全事件响应机制

建立有效的安全事件响应机制，包括实时监控、安全警报、日志记录、应急响应计划等，及时检测和响应安全事件和威胁。

2. 持续监测和漏洞扫描

定期进行系统和网络的安全监测和漏洞扫描，发现和识别潜在的安全漏洞和威胁，及时采取措施进行修复和应对。

3. 安全日志记录和分析

记录系统和网络的安全日志，对安全事件和异常行为进行分析和排查，及时发现和处理安全威胁。

（五）漏洞管理与追踪

1. 建立漏洞管理制度

建立漏洞管理团队，负责漏洞的跟踪、管理和修复工作，确保漏洞修复工作的及时性和有效性。

2. 定期进行安全审计与漏洞扫描

定期进行安全审计和漏洞扫描，发现和识别系统和应用程序的新漏洞和安全问题，及时采取措施进行修复和加固。

第六章 软件开发与安全

第一节　软件开发生命周期

一、生命周期阶段概述

软件开发生命周期（Software Development Lifecycle，SDLC）是软件开发过程中的一个框架，用于指导软件项目从概念到终端部署和维护的整个过程。SDLC 通常包括以下主要阶段（图 6-1）：

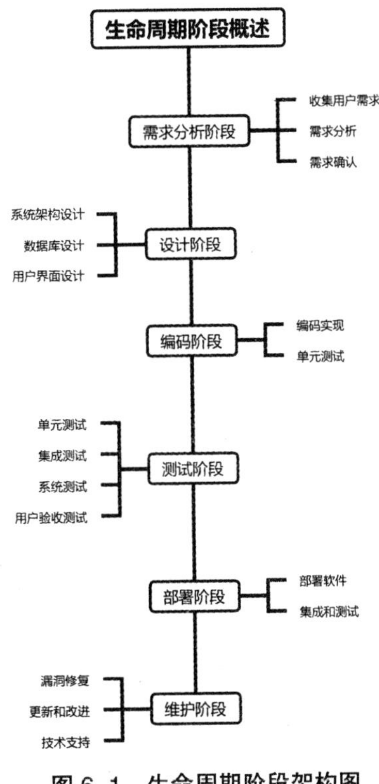

图 6-1　生命周期阶段架构图

（一）需求分析阶段

需求分析阶段是软件开发生命周期的起点。在这个阶段，团队与客户合作，收集并分析用户的需求，明确软件项目的功能和特性。主要任务包括：

1. 收集用户需求

与客户沟通，了解用户的需求和期望，确定软件的基本功能和特性。

2. 需求分析

对收集到的需求进行分析和整理，明确需求的优先级和重要性。

3. 需求确认

与客户确认需求，确保需求的准确性和完整性。

（二）设计阶段

设计阶段将需求转化为可执行的软件架构和设计方案。在这个阶段，确定系统架构设计、数据库设计、用户界面设计等。主要任务包括：

1. 系统架构设计

设计软件的整体结构和模块化组件，确定系统的层次结构和模块间的关系。

2. 数据库设计

设计软件所需的数据库结构，包括数据表设计、关系建立和数据字典定义。

3. 用户界面设计

设计用户界面，包括界面布局、交互设计和视觉设计等。

（三）编码阶段

编码阶段是将设计文档转化为实际代码的阶段。在这个阶段，开发团队根据设计文档开始编写代码，并进行单元测试，确保代码的质量和功能符合需求。主要任务包括：

1. 编码实现

根据设计文档，使用合适的编程语言和技术开始编写代码。

2. 单元测试

针对编写的代码进行单元测试，确保各个模块功能的正确性和稳定性。

（四）测试阶段

测试阶段对软件进行全面的测试，包括单元测试、集成测试、系统测试和用户验收测试，以确保软件质量和稳定性。主要任务包括：

1. 单元测试

测试各个模块的功能是否符合设计要求。

2. 集成测试

测试各个模块之间的集成和交互是否正常。

3. 系统测试

测试整个系统的功能和性能是否符合预期。

4. 用户验收测试

由最终用户对系统进行测试，确认系统是否满足用户需求。

（五）部署阶段

部署阶段将软件部署到目标环境中，并进行最终的集成和测试，准备发布给最终用户使用。主要任务包括：

1. 部署软件

将软件部署到目标服务器或平台上。

2. 集成和测试

在目标环境中进行最终的集成和测试，确保软件在生产环境中运行正常。

（六）维护阶段

维护阶段是软件生命周期中持续的阶段，包括对已部署软件的漏洞修复、更新和改进，以及为用户提供技术支持和服务。主要任务包括：

1. 漏洞修复

定期检测和修复已部署软件中的漏洞和缺陷。

2. 更新和改进

根据用户反馈和市场需求，对软件进行更新和改进，提升用户体验和功能性。

3. 技术支持

为用户提供技术支持和服务，解决用户在使用过程中遇到的问题和困难。

二、安全意识与设计

（一）安全意识培训

安全意识培训是确保团队成员具备必要的安全知识和意识的关键步骤。通过相关的培训，团队成员能够了解常见的安全威胁和漏洞，培养对安全问题的敏感性和意识，从而减少安全漏洞的产生。

1. 常见安全威胁

安全意识培训的首要内容之一是介绍常见的网络安全威胁，使团队成员能够了解可能面临的风险并采取相应的防范措施。常见的安全威胁包括：

拒绝服务攻击（DoS）：攻击者通过发送大量的请求或恶意流量，使目标系统无法提供正常服务。

SQL 注入：攻击者利用漏洞向数据库注入恶意代码，从而获取敏感信息或篡改数据。

跨站脚本攻击（XSS）：攻击者通过注入恶意脚本到网页中，获取用户的信息或执行恶意操作。

通过深入了解这些威胁，团队成员可以更好地认识到安全风险的存在，并采取相应的防御措施。

2. 安全最佳实践

除了了解安全威胁外，团队成员还需要掌握安全最佳实践，以确保他们在日常工作中能够采取正确的安全措施。安全最佳实践包括：

密码管理：创建强密码，定期更改密码，并避免在多个账户间重复使用相同的密码。

安全配置：确保系统和应用程序的安全配置，关闭不必要的服务和端口，限制对系统的访问权限。

数据加密：对敏感数据进行加密，保护数据在传输和存储过程中的安全性。

通过掌握这些最佳实践，团队成员能够有效地保护系统和数据免受安全威胁的侵害。

3. 应急响应

安全意识培训还应包括团队成员应对安全事件和漏洞的应急响应能力。这包括：

漏洞修复：及时修补已知的安全漏洞，防止攻击者利用漏洞对系统造成损害。

应急预案执行：建立有效的应急预案，指导团队在安全事件发生时采取适当的行动，降低损失。

通过培训团队成员的应急响应能力，我们可以有效地减轻安全事件对系统和组织的影响。

（二）安全需求分析

安全需求分析是软件开发生命周期中的关键环节之一，在项目的早期阶段我们就考虑安全问题，以确保系统在设计和开发过程中具备必要的安全功能和控制措施。以下是安全需求分析的详细内容：

1. 风险评估

在安全需求分析阶段，团队首先应该对系统面临的安全风险进行评估和分析。这包括识别可能的威胁来源、漏洞类型及可能导致系统受损的潜在攻击方式。通过风险评估，团队能够全面了解系统面临的安全挑战，为制定安全目标和功能要求提供基础。

2. 安全目标

在进行风险评估的基础上，团队需要明确软件的安全目标。安全目标是指系统在安全方面所需达到的目标和期望结果。例如，保护用户数据的机密性和完整性、防止未经授权的访问、确保系统可用性等。安全目标应该与业务需求和组织的安全策略相一致，从而确保系统的整体安全性。

3. 功能要求

根据风险评估和安全目标，团队需要确定软件在安全方面需要具备的功能和控制措施。这些功能要求涉及各个方面的安全保护，包括但不限于：

数据保护：确保用户数据在传输和存储过程中的安全性，采用加密等技术保护数据的机密性和完整性。

用户认证与授权：实现用户身份认证和授权机制，确保只有经过授权的用户才能访

问系统资源和功能。

访问控制：限制用户对系统资源的访问权限，确保用户只能访问其授权范围内的数据和功能。

审计日志：记录系统的操作活动和安全事件，以便对安全事件进行检测、分析和调查。

通过明确这些功能要求，团队能够在软件设计和开发过程中有针对性地实施安全控制措施，提高系统的安全性和可靠性。

（三）安全设计原则

安全设计原则是软件设计过程中应该遵循的基本原则和规范，以确保系统具备良好的安全性能和防护能力。这些原则旨在降低系统受到攻击的风险，并最大程度地保护系统的数据和功能不受损害。以下是常见的安全设计原则：

1. 最小权限原则

最小权限原则指的是为用户和系统分配最小必需的权限，限制用户和系统对资源的访问权限。这意味着用户和进程只能访问其工作所需的资源，而不是所有资源。通过最小权限原则，我们可以减少潜在的安全漏洞和攻击面，降低系统受到攻击的风险。

2. 完整性原则

完整性原则确保系统的数据和功能受到保护，防止未经授权的篡改和修改。系统应该具备检测和防止数据篡改的机制，如数据完整性检查、数字签名等技术。此外，系统还应该采取措施保护其关键功能和代码不受恶意篡改，确保系统的运行环境和代码库的完整性。

3. 防御深度原则

防御深度原则是指采用多层次、多重复杂的安全防御措施，增加攻击者攻击的难度和成本。这包括在系统中实施多种安全控制措施，如网络防火墙、入侵检测系统、访问控制、加密技术等。建立多层次的防御机制，即使一层防御被攻破，其他层次的防御仍然能够保护系统的安全性。

第二节　安全编码实践

安全编码是指在软件开发过程中，遵循一定的编码规范和安全原则，以减少安全漏洞和缺陷的产生。常见的安全编码原则包括输入验证、输出编码、安全配置、最小权限原则、错误处理和日志记录等。通过遵循这些原则，我们可以有效地降低软件的安全风险。

一、输入验证

输入验证是确保用户输入数据的有效性和安全性的关键步骤，它在软件开发中具有重要意义。通过对用户输入的数据进行验证和过滤，我们可以有效地防止恶意输入和攻击，提高系统的安全性。以下是常见的输入验证方法：

（一）检查数据类型

验证用户输入的数据类型是否符合预期，是确保数据处理的第一步。它在处理用户输入之前，我们应该验证数据的类型，以确保它们符合预期的格式和类型。常见的数据类型包括数字、字符串、日期等。例如，在进行数字运算之前，我们应该确保输入的数据是数字类型，以避免类型转换错误或安全漏洞。

（二）检查数据长度

限制用户输入的数据长度是防止缓冲区溢出等攻击的重要手段之一。通过限制输入数据的长度，我们可以防止恶意用户发送过长的输入数据，从而导致系统缓冲区溢出并可能引发安全漏洞。在设计输入字段时，我们应该明确定义字段的最大长度，并对用户输入的数据进行长度检查，确保其不超出预期范围。

（三）数据范围验证

确保用户输入的数据在合理的范围内，是保证数据完整性和系统安全性的重要措施之一。例如，在处理用户输入的金额时，我们应该确保金额值不为负数，以避免可能的错误或异常情况发生。通过对用户输入的数据进行范围验证，我们可以有效地防止不合法或异常数据的输入，从而提高系统的安全性和稳定性。

（四）使用正则表达式进行格式验证

对于特定格式的数据，如电子邮件地址、电话号码等，我们应该使用正则表达式进行格式验证，以确保输入数据的格式正确。正则表达式是一种强大的模式匹配工具，可以精确地匹配特定格式的数据，例如验证电子邮件地址是否符合标准格式、验证电话号码是否包含正确的区号和号码格式等。通过使用正则表达式进行格式验证，我们可以有效地防止非法或不合法格式的数据输入，提高系统的安全性和可靠性。

二、输出编码

输出编码是确保从应用程序传输到用户浏览器的数据不受到恶意篡改的重要手段。通过适当的编码和转义，我们可以有效地防止跨站脚本攻击（XSS）等。以下是常见的输出编码方法：

（一）HTML 实体编码

HTML 实体编码是将特殊字符转换为 HTML 实体，以防止 HTML 注入攻击。在将用户输入的数据输出到 HTML 页面时，我们应该将特殊字符转换为对应的 HTML 实体。这样可以确保特殊字符被正确地显示，同时防止恶意脚本的注入，提高网页的安全性。

（二）URL 编码

URL 编码是对传递到 URL 中的参数进行编码，以防止 URL 注入攻击。当用户输入的数据作为 URL 参数传递时，我们应该对其进行 URL 编码，将特殊字符转换为 %xx 的形式，其中 xx 为字符的 ASCII 码值的十六进制表示。这样可以确保 URL 参数的完整性和安全性，防止恶意用户通过修改 URL 参数来进行攻击或越权访问。

（三）JavaScript 编码

JavaScript 编码是对嵌入 JavaScript 代码中的数据进行编码，以防止 JavaScript 注入攻击。当用户输入的数据作为 JavaScript 代码的一部分输出到网页中时，我们应该对其进行 JavaScript 编码，确保输入数据不包含恶意脚本或代码，从而防止跨站脚本攻击。常见的 JavaScript 编码方法包括将特殊字符转换为 Unicode 编码或使用 escape( ) 函数进行编码。

三、安全配置

安全配置是在软件开发和部署过程中设置系统和应用程序安全选项的过程。通过合理配置系统和应用程序的安全设置，我们可以降低潜在的攻击面和漏洞，从而提高系统的安全性。以下是常见的安全配置实践：

（一）限制文件和目录的访问权限

确保只有授权用户能够访问敏感文件和目录。这可以通过设置文件和目录的访问权限来实现，使用操作系统提供的权限管理工具（如 chmod、chown 等）来限制文件和目录的读、写、执行权限，以确保只有授权用户或进程能够访问敏感数据和系统文件。

（二）禁用默认或弱密码

确保系统和应用程序使用安全性较高的密码策略，防止密码猜测和字典攻击。应该禁用默认密码，并要求用户使用足够复杂和随机的密码。密码策略可以包括要求密码长度、使用大小写字母、数字和特殊字符，以及定期更改密码等措施，从而提高密码的安全性。

（三）关闭不必要的服务和端口

禁用不需要的网络服务和端口，减少系统的攻击面。通过关闭不必要的服务和端口，我们可以减少系统暴露在网络上的可能性，从而减少被攻击的风险。管理员应该定期审查系统的网络配置，关闭不必要的服务，并仅允许必要的服务运行。

（四）启用强制访问控制

使用访问控制列表（ACL）或其他机制强制执行访问控制策略，限制用户的权限和行为。通过为文件和目录设置 ACL 或使用其他访问控制机制，我们可以确保只有授权用户或进程能够执行特定操作，并限制用户的权限和行为，从而提高系统的安全性。

四、最小权限原则

最小权限原则是确保用户和进程只拥有执行其工作所需的最小权限，以降低系统遭受攻击的风险。通过限制用户和进程的权限，我们可以有效地减少恶意行为的影响范围，并提高系统的安全性。以下是最小权限原则的具体实践：

（一）为用户分配最小必需的权限

根据用户的角色和职责，为其分配最小权限，减少对系统的访问权限。例如，在企业内部，管理员和普通员工可能需要不同级别的权限来执行其工作。管理员可能需要更高的权限来管理系统和网络，而普通员工只需要访问特定的应用程序和数据。因此，我们应根据用户的实际需求，将权限授予到最小的范围内，以降低潜在的风险。

（二）为进程分配最小必需的权限

为应用程序和进程分配最小权限，限制其对系统资源的访问和操作。应用程序通常只需要访问特定的文件、目录或网络端口，因此我们应该将其权限限制在必要的最小范围内。例如，一个 Web 服务器进程可能只需要读取网页文件和向客户端发送 HTTP 响应，因此不应该具有修改系统配置文件或执行系统命令的权限。通过将进程的权限限制在最小必需的范围内，我们可以减少攻击者利用应用程序的漏洞来执行恶意操作的可能性。

五、错误处理

错误处理是在应用程序中对异常情况和错误进行适当的处理和响应，以防止信息泄露和系统崩溃等安全问题。有效的错误处理可以提高系统的健壮性和可靠性，减少对用户的影响，并帮助开发人员及时发现和修复潜在的问题。

（一）预先规划可能出现的错误和异常情况

在开发应用程序时，开发人员应该预先考虑可能出现的各种错误和异常情况，并设计相应的处理逻辑。这些异常情况可能包括但不限于数据库连接失败、文件读写错误、网络通信异常等。通过在设计阶段识别和规划这些情况，我们可以更好地应对潜在的问题，并为用户提供更好的体验。

（二）提供友好的错误提示信息

当应用程序遇到错误或异常时，应该向用户提供清晰、友好的错误提示信息，避免将敏感信息泄露给用户。错误提示信息应该简洁明了，同时又包含足够的信息帮助用户理解问题的原因并采取相应的措施。例如，可以提示用户检查网络连接、稍后重试或联系技术支持人员等。

（三）记录异常日志以便后续分析和修复

在应用程序中应该设置合适的日志记录机制，记录异常情况和错误事件的发生。日志记录应包括异常的类型、发生时间、用户信息（如果适用）、操作信息等关键信息。这些日志可以帮助开发人员快速定位和诊断问题，并采取相应的修复措施。同时，日志记录也是安全审计的重要依据，有助于监控系统的运行状态和安全性。

六、日志记录

日志记录在应用程序中是一项至关重要的任务，它记录了关键事件和操作的日志信息，有助于后续的审计、分析和故障排除。以下是关于日志记录的详细内容：

（一）记录用户操作

用户操作的记录对于了解系统的使用情况和安全状态非常重要。常见的用户操作记录包括：

1. 用户登录记录

记录用户的登录和登出事件，包括登录时间、IP 地址等信息，以便跟踪用户活动和识别异常登录行为。

2. 操作记录

记录用户的各种操作行为，如创建、修改、删除操作，以及操作的时间、对象和结果等信息，有助于审计和追溯操作历史。

3. 访问控制记录

记录对受保护资源的访问尝试和授权结果，包括访问请求、授权结果、拒绝原因等，用于审计和监控访问权限。

（二）记录系统状态

系统状态的记录可以帮助监控系统的运行状态、资源利用情况和性能表现。常见的系统状态记录包括：

1. 运行状态记录

记录系统的启动和关闭事件，以及系统的运行状态和可用性信息，有助于了解系统的稳定性和可靠性。

2. 资源利用情况记录

记录系统资源的利用情况，如 CPU、内存、磁盘等资源的使用情况和趋势，用于性能分析和资源优化。

3. 异常事件记录

记录系统发生的异常事件和错误信息，如服务崩溃、进程终止等，有助于及时发现和解决问题。

（三）记录安全事件

安全事件的记录是保障系统安全的重要手段，可以帮助及时识别和响应安全威胁。常见的安全事件记录包括：

1. 尝试登录失败记录

记录登录认证失败的尝试，包括用户名、IP 地址、登录时间等信息，有助于识别暴力破解和恶意登录行为。

2. 异常访问记录

记录对系统的异常访问行为，如未经授权的访问请求、访问受限资源等，有助于发现潜在的安全风险和攻击行为。

第三节　软件安全测试

一、软件测试及软件安全性的重要性

（一）软件测试的重要性

1. 提高软件的质量和可靠性

软件测试是发现和修复软件系统中存在的错误和缺陷的关键步骤。通过不断地测试，我们可以提高软件的质量和可靠性，确保软件能够按照预期的方式运行。

2. 确保软件符合规格说明书

软件测试可以确保软件系统符合其功能和性能的规格说明书。这有助于满足用户的需求，并提高用户对软件的满意度。

3. 降低软件错误造成的损失

软件测试能够发现并修复软件中的错误和缺陷，从而减少软件错误造成的经济和社会损失。及早发现和解决问题可以避免因软件错误而导致的成本和声誉损失。

4. 提高用户体验

通过测试，我们可以确保软件系统的易用性和用户体验。良好的用户体验可以提升用户满意度，并增强用户对软件的信任和忠诚度。

（二）软件安全性的重要性

1. 保护用户数据的隐私

软件安全性直接关系到用户数据的保护。随着个人数据在网络和移动设备上的使用不断增加，保护用户数据的隐私已成为重要任务。通过确保软件的安全性，我们可以防止用户数据被窃取或泄露。

2. 安全性是合规的必要条件

许多国际标准和法律法规对软件安全性提出了严格的要求，如 PCI DSS（Payment Card Industry Data Security Standard）、HIPAA（Health Insurance Portability and Accountability Act）等。确保软件的安全性是满足合规要求的必要条件。

3. 保护组织的商誉和品牌形象

软件安全问题可能严重影响组织的商誉和品牌形象。安全漏洞和数据泄露事件可能导致公众对组织信任度的下降，从而影响组织的声誉和市场竞争力。

4. 防止业务损失和停机时间

软件安全事件可能导致公司巨大的经济损失和停机时间。业务中断可能会影响公司的正常运营，导致生产中断、服务不可用等问题，进而引发客户投诉和业务损失。

二、软件测试及软件安全性的现状

（一）软件测试的现状

1. 测试可能成为软件开发周期的瓶颈

传统的测试方法往往导致测试周期较长，可能成为软件开发周期的瓶颈。在软件开发过程中，测试往往是最后进行的步骤之一，但测试过程中发现的问题可能需要重新回到开发阶段进行修复，这可能会导致软件发布时间的延迟。

2. 自动化测试逐渐成为主流

随着自动化测试技术的不断进步，越来越多的企业采用自动化测试来降低测试周期和成本。自动化测试能够提高测试的效率和准确性，同时减少人力资源的投入。

3. DevOps 和敏捷测试成为主流

与传统的瀑布式软件开发模型不同，DevOps 和敏捷开发方法强调测试团队和开发团队之间的密切协作。通过持续集成和持续交付的实践，测试可以随着开发的进行而不断进行，从而实现快速迭代和快速上线。

4. 云测试逐渐普及

云测试为企业提供了更便捷、更快速和更具弹性的测试环境。企业可以根据需要动态调整测试资源，而无须投资大量资金建立和维护测试基础设施。这使得软件测试变得更加灵活和可扩展。

（二）软件安全性的现状

1. 安全事件频发

近年来，关于软件安全事件的报道频繁。从简单的数据泄露到严重的勒索软件攻击，各种类型的安全事件层出不穷，严重影响了组织、公共服务和个人数据的安全。

2. 程序员需要更多关注安全性

许多安全性问题源自程序编码不当。因此，程序员需要更加关注软件的安全性，并在编码过程中采取适当的安全措施来确保软件的安全性。

3. 安全性成为业务关注点

由于软件安全事件可能导致巨大的经济损失和商业品牌价值损失，越来越多的企业将软件安全性作为业务关注点。企业开始加大对软件安全性的投入和重视程度。

4. 法规和合规要求导致更加严格的安全要求

随着 GDPR、HIPAA 等法规和合规要求的出台，企业对软件安全性的要求变得更加严格。企业必须遵循这些法规，并采取相应的安全措施来保护用户数据和隐私。

5. 安全自动化工具的使用

随着自动化测试和 DevOps 的发展，安全自动化工具的使用也逐渐普及。这些工具可以帮助企业快速、准确地进行安全性测试，从而及时发现并修复潜在的安全问题，保障软件的安全性。

三、软件测试方法及差异

常见的软件测试方法分为手工测试和自动化测试，具体如下。

（一）手工测试

1. 黑盒测试

只需要关注软件系统的功能和需求规格说明书，忽略系统的内部细节和实现细节，来测试系统正常工作和异常情况下系统的反应。

2. 白盒测试

关注代码实现，通过测试具体的代码，来确认系统实现得是否正确，能否产生正确的结果。通常需要程序编写经验和编程技能。

（二）自动化测试

1. 单元测试

对软件中每一个模块进行测试，并确认模块是否能够独立正确运行，通常是针对单个函数或模块的测试。

2. 集成测试

针对不同模块之间的交互和合作测试，以保证模块之间的协同工作，测试过程中需要对整个软件系统进行综合测试验证。

四、软件安全测试方法

（一）代码审计

代码审计是一种针对源代码的静态安全分析技术，通过定位软件源代码中的逻辑漏洞、安全漏洞和隐患等问题，帮助测试人员更细致地分析软件的安全性能和风险。代码审计需要软件测试人员具备一定的编程技能和代码分析经验，在测试过程中需结合安全知识，通过深入研究软件的实现细节和错误场景，发现软件中存在的潜在漏洞和可能的攻击面。

（二）动态安全扫描

动态安全扫描是一种针对应用程序的动态分析技术，主要用于测试 Web 应用程序的安全性，可以通过攻击模拟等方式，发现应用程序中存在的漏洞和安全问题。它可以模拟各种攻击场景，并通过发送常见安全漏洞的有效负载，利用安全漏洞获得重要的访问权限，然后使用黑盒和白盒测试技术进行漏洞发现和验证。

（三）恶意软件检测

恶意软件检测是一种动态测试技术，主要是检测软件系统中的恶意软件和病毒的存在。它可以通过对恶意软件和病毒的特征进行检测，提供保障用户计算机系统安全性的能力，并对当前和未来威胁情况进行快速响应和处理。

（四）压力测试

压力测试是一种基于大量并发操作来模拟系统负载的安全测试技术。它可以评估系统的负载容量和稳定性，并提前发现软件系统在高负荷量下可能出现的安全漏洞或崩溃等问题，以确保系统能够在实际工作条件下保持稳定性。

总的来说，软件安全测试是软件测试中的一个重要内容，包含静态分析和动态测试两项技术。测试人员需根据不同检测需求和测试目标，选用不同的测试技术和工具，以达到最高的安全性能和风险控制水平。

五、软件测试和软件安全整体性分析

（一）相互作用和支持

1. 测试可以发现软件中的漏洞和安全问题

测试过程中，包括功能测试、性能测试、安全性测试等，都能够发现软件中存在的漏洞和安全问题。通过对软件系统的各个方面进行测试，测试人员可以及时发现潜在的安全威胁，如数据泄露、身份验证问题等，并向开发人员提供反馈，从而加强对软件安全性的关注和改进。

2. 安全性测试能够确认软件的可信性

安全性测试是确保软件系统安全性的关键步骤之一。通过模拟各种攻击场景和安全漏洞测试，安全性测试可以确认软件系统的可信性，避免软件被攻击者利用漏洞进行攻击和入侵。

3. 测试可以帮助提高软件的可靠性和可维护性

测试不仅可以发现软件中的安全问题，还可以帮助提高软件的可靠性和可维护性。通过测试，我们可以发现并引导开发人员关注软件性能、数据保护、稳定性等方面的问题，从而改进软件的质量和可维护性。

4. 安全性测试是测试的一个重要组成部分

安全性测试不仅仅是为了保证软件系统的安全性，也是测试的一个重要组成部分。在测试过程中，安全性测试能够发现软件系统中存在的安全问题，从而提高软件的整体质量和可靠性。

（二）整体性分析框架

1. 确认需求

在软件测试和安全性保障的整体性分析框架中，我们首先需要确保软件的需求已经充分明确和明确定义。所有的需求都应该是可测试的，并且需要在测试计划中得到充分反映，以确保测试工作能够全面覆盖软件的功能和安全性需求。

2. 确定测试计划

确定测试计划和测试策略是整体性分析框架的关键步骤之一。在确定测试计划时，我们需要考虑测试的类型、工具、环境和方法等因素，并确保测试计划能够全面覆盖软件的功能和安全性测试需求。

3. 分析和评估风险

在测试计划确定后，我们需要对软件系统进行风险评估和分析，以确定潜在的安全风险和漏洞，并确定哪些测试是必需的。这些测试应该包括动态和静态的安全性测试，以及黑盒和白盒的测试方法，以确保软件的安全性得到全面保障。

4. 进行测试

执行测试计划，包括单元测试、集成测试和端到端测试，并跟踪记录测试过程中发现的缺陷和漏洞。通过测试，我们可以及时发现软件中存在的安全问题，并为修复安全漏洞提供有效的方法和过程。

5. 分析和定位问题

在测试过程中发现的问题和漏洞，需要进行详细的分析和定位，以确定问题的根本原因，并为修复安全问题提供有效的解决方案。通过漏洞分析、数据流跟踪和代码审计等技术手段，我们可以发现和修复软件中存在的安全问题。

6. 修复和验证

修复所有缺陷和漏洞，并对修补程序进行验证，以确认修补是否完全解决了潜在的安全问题。通过验证修补程序的有效性，可以确保软件的安全性得到充分保障，从而保护用户数据和信息的安全。

7. 重复测试

重新测试整个软件，并确保缺陷和漏洞已经被修复，并且不会引入其他新的问题。通过重复测试，我们可以确保软件的安全性得到全面保障，从而提高软件的整体质量和可靠性。

8. 预防措施

制定和实施预防措施，包括代码审计、安全编码、人员管理、加密、安全补丁和安全监控等措施，以确保软件的安全性在最高水平。通过预防措施的实施，我们可以有效地防止软件系统遭受安全攻击和威胁，从而保障用户数据和信息的安全。

第七章 网络管理工具与平台

第一节 网络管理工具概述

一、工具分类与功能

网络管理工具根据其功能和用途可以分为多种类型，包括：

（一）监控工具

1.Zabbix

Zabbix 是一款开源的网络监控软件，用于实时监测网络设备和连接的状态、性能及可用性。其功能强大，可以监控各种网络设备，包括服务器、路由器、交换机等。通过 Zabbix，管理员可以实时监测网络设备的运行状态，及时发现并解决潜在的问题，保障网络的稳定性和可靠性。

Zabbix 的特点包括：

多样化的监控方式：Zabbix 支持多种监控方式，包括主动轮询、被动监控、代理监控等，能够灵活适应不同网络环境的监控需求。

可定制的告警系统：管理员可以根据实际需求设置告警规则，当网络设备出现异常时，Zabbix 能够及时发送告警通知，帮助管理员快速响应并解决问题。

丰富的报表和图表：Zabbix 可以生成各种报表和图表，直观展示网络设备的性能和运行趋势，帮助管理员深入分析网络状况，优化网络性能。

2.Nagios

Nagios 是一款广泛使用的网络监控工具，旨在监控网络设备、服务器和应用程序的状态及运行情况。它提供了一套灵活的插件系统，可以监控几乎所有类型的网络设备和服务，这使其成为企业网络监控的首选工具之一。

Nagios 的主要特点包括：

分布式监控：Nagios 支持分布式监控架构，可以通过在不同位置部署监控节点来实现对整个网络的全面监控。

自定义插件：Nagios 的插件系统非常灵活，管理员可以编写自定义插件来监控特定的网络设备或服务，满足不同场景下的监控需求。

灵活的告警机制：Nagios 可以根据设定的规则和阈值对网络设备进行实时监控，并在出现故障或异常时发送告警通知，帮助管理员及时发现和解决问题。

历史记录和报告：Nagios 可以记录历史监控数据，并生成各种报告和图表，帮助管理员分析网络设备的性能和稳定性。

（二）配置管理工具

1.Ansible

Ansible 是一种强大的自动化配置管理工具，广泛用于管理和配置网络设备的参数和设置。它采用基于 SSH 的远程执行方式，可以实现对大规模网络设备的批量配置和管理，确保网络设备的一致性和合规性。

Ansible 的主要特点包括：

基于剧本的配置管理：Ansible 使用 YAML 格式的剧本（Playbook）来描述配置任务，管理员可以在剧本中定义一系列配置任务，并指定要应用配置的目标主机，实现对网络设备的统一配置管理。

Agentless 架构：Ansible 采用 Agentless 架构，不需要在被管理的主机上部署额外的代理程序，减少了配置和维护的复杂性，同时提高了部署的灵活性和可移植性。

模块化设计：Ansible 提供丰富的模块库，可以管理各种不同类型的网络设备，包括路由器、交换机、防火墙等，管理员可以根据实际需求选择合适的模块进行配置管理。

Idempotent 操作：Ansible 的配置任务是幂等的，即无论执行多少次，结果都是一致的，这确保了配置任务的可靠性和稳定性。

2. Puppet

Puppet 是另一种流行的配置管理工具，用于自动化配置和管理网络设备的状态和配置。它采用声明式语言描述网络设备的期望状态，并自动化实现对网络设备的配置管理和维护。

Puppet 的关键特性包括：

基于模型的配置管理：Puppet 使用基于模型的方法来描述网络设备的期望状态，管理员可以定义所需的配置和参数，并通过 Puppet 自动化实现对网络设备的配置管理。

客户端 - 服务器架构：Puppet 采用客户端 - 服务器架构，其中 Puppet Master 负责管理配置信息和策略，而 Puppet Agent 负责应用配置和报告状态，实现了对网络设备的集中化管理和控制。

丰富的资源类型：Puppet 提供了丰富的资源类型和模块库，可以管理各种不同类型的

网络设备和服务，包括软件包、文件、用户等，满足了各种场景下的配置管理需求。

可扩展性和灵活性：Puppet 具有良好的可扩展性和灵活性，管理员可以编写自定义模块和插件来扩展 Puppet 的功能，实现对特定网络设备的定制化配置管理。

（三）性能优化工具

1.SolarWinds

SolarWinds 是一套综合的网络性能优化工具，旨在帮助管理员分析和优化网络性能，识别瓶颈并提供优化建议。它提供了一系列的监控、分析和报告功能，可以实时监测网络设备的性能指标，并对网络流量、带宽利用率、响应时间等关键指标进行分析和优化。

SolarWinds 的主要特点包括：

多维度的性能监控：SolarWinds 可以监控网络设备的各项性能指标，包括 CPU 利用率、内存使用率、带宽利用率等，管理员可以实时查看设备的性能状况，并及时发现和解决性能问题。

流量分析和优化：SolarWinds 提供了流量分析工具，可以分析网络流量的来源、目的地、协议等信息，帮助管理员了解网络流量的分布和趋势，优化网络带宽的使用。

基于历史数据的性能趋势分析：SolarWinds 可以记录历史性能数据，并生成性能趋势图表，帮助管理员分析网络性能的变化趋势，预测潜在的性能问题，并采取相应的优化措施。

自定义报告和警报：SolarWinds 支持自定义报告和警报功能，管理员可以根据实际需求设置报告和警报规则，及时通知管理员网络性能的异常情况，帮助管理员快速响应并解决问题。

2. Wireshark

Wireshark 是一款开源的网络协议分析工具，用于捕获和分析网络数据包，帮助管理员识别网络性能问题和优化网络性能。它支持多种协议和数据格式，包括 TCP、UDP、HTTP、FTP 等，能够深入分析网络数据包的内容和结构，帮助管理员定位和解决网络性能问题。

Wireshark 的主要特点包括：

实时数据包捕获：Wireshark 可以实时捕获网络数据包，并以可视化的方式展示数据包的内容和结构，帮助管理员了解网络流量的分布和特征。

强大的过滤和搜索功能：Wireshark 提供了丰富的过滤和搜索功能，管理员可以根据特定的协议、源地址、目的地址等条件过滤和搜索数据包，快速定位和分析问题。

协议解析和统计分析：Wireshark 能够解析各种网络协议，并提供统计分析功能，包括流量统计、延迟分析、丢包率分析等，帮助管理员全面了解网络性能问题的原因和影响。

支持多平台和多格式：Wireshark 支持多种操作系统和数据格式，包括 Windows、Linux、macOS 等，管理员可以在不同平台上使用 Wireshark 进行网络性能分析和优化。

（四）安全管理工具

1. 防火墙

防火墙是一种常见的安全管理工具，用于监控和控制网络流量，保护网络免受未经授权的访问和恶意攻击。防火墙通过设置访问控制规则，过滤和阻止不安全的网络流量，提高网络的安全性和可靠性。

防火墙的主要特点包括：

访问控制和流量过滤：防火墙可以根据预先设定的安全策略，对网络流量进行过滤和访问控制，阻止未经授权的访问和恶意攻击。

状态检测和连接跟踪：防火墙可以检测和跟踪网络连接的状态，包括建立、维护和关闭连接的过程，帮助管理员监控网络流量的动态变化。

网络地址转换（NAT）：部分防火墙支持网络地址转换（NAT）功能，可以将内部网络地址转换为外部地址，隐藏内部网络结构，提高网络的安全性。

应用层过滤和代理功能：高级防火墙还支持应用层过滤和代理功能，可以对特定应用程序的数据进行深度检查和过滤，防止应用层攻击和数据泄露。

2. 入侵检测系统（IDS）

入侵检测系统（IDS）是一种网络安全管理工具，用于监测和识别网络中的异常行为和潜在的安全威胁。IDS 通过分析网络流量和系统日志，检测和警报可能存在的入侵行为，帮助管理员及时发现和应对安全威胁。

入侵检测系统的主要特点包括：

实时监测和警报：入侵检测系统可以实时监测网络流量和系统日志，发现可能的入侵行为，并及时发送警报通知管理员。

基于签名和行为分析：入侵检测系统可以通过签名匹配和行为分析等方法，识别已知的攻击模式和未知的异常行为，提高检测的准确性和效率。

网络流量分析和数据包重组：高级入侵检测系统可以对网络流量进行深度分析和数据包重组，还原攻击过程和数据内容，帮助管理员深入了解安全威胁的性质和影响。

响应和应对措施：入侵检测系统还可以配合其他安全管理工具，如防火墙和入侵防御系统（IPS），实施针对性的响应和防御措施，加强网络的安全防护。

（五）日志管理工具

1.ELK Stack（Elasticsearch、Logstash、Kibana）

ELK Stack 是一套流行的开源日志管理工具，由 Elasticsearch、Logstash 和 Kibana 三个组件组成。它们相互配合，可以实现日志的收集、存储、分析和可视化，帮助管理员对网络设备和系统的日志信息进行管理和分析。

ELK Stack 的主要特点包括：

Elasticsearch：Elasticsearch 是一个分布式的搜索和分析引擎，用于存储和索引大规模的日志数据。它支持实时搜索和聚合分析，可以快速查询和分析海量的日志数据。

Logstash：Logstash 是一款用于日志收集、过滤和传输的工具，它可以从多种来源收集日志数据，并通过过滤器进行处理和转换，最终将数据发送到 Elasticsearch 进行存储和索引。

Kibana：Kibana 是一个基于 Web 的可视化工具，用于展示和分析存储在 Elasticsearch 中的日志数据。它提供了丰富的图表和可视化组件，管理员可以通过 Kibana 创建自定义的仪表板和报表，实现对日志数据的实时监控和分析。

ELK Stack 的架构灵活，可以根据实际需求进行定制和扩展，管理员可以根据实际需求选择合适的组件和配置，实现对日志数据的全面管理和分析。

2.Splunk

Splunk 是另一款流行的日志管理工具，用于收集、存储、搜索和分析各种类型的日志数据。它提供了一套强大的搜索和分析引擎，可以快速查询和分析海量的日志数据，并提供可视化的报表和图表，帮助管理员深入了解日志数据的内容和结构。

Splunk 的主要特点包括：

实时日志收集和索引：Splunk 可以实时收集和索引各种类型的日志数据，包括系统日志、安全日志、应用程序日志等，管理员可以通过 Splunk 实时查询和分析日志数据。

强大的搜索和查询功能：Splunk 提供了强大的搜索和查询功能，支持复杂的搜索语法和查询语句，管理员可以根据特定的条件和关键字快速定位和分析日志数据。

可视化报表和图表：Splunk 提供了丰富的可视化报表和图表功能，管理员可以通过简单的拖拽和配置，创建各种自定义的报表和图表，实现对日志数据的可视化分析。

实时警报和通知：Splunk 支持实时警报和通知功能，管理员可以根据预先设定的规则和阈值，设置警报规则，并及时通知管理员可能存在的安全威胁和异常情况。

（六）配置备份和恢复工具

1.RANCID（Really Awesome New Cisco Config Differ）

RANCID 是一款用于自动备份网络设备配置的工具，主要针对 Cisco 设备。它定期登录到网络设备上，获取设备配置，并将其存储在版本控制系统中，以便管理员随时查看和恢复历史配置。

RANCID 的主要特点包括：

自动备份配置：RANCID 可以定期登录到网络设备上，获取设备的配置文件，并将其备份到版本控制系统中。管理员可以在需要时查看和恢复历史配置。

配置差异比对：RANCID 还提供了配置差异比对功能，可以比较不同时间点的配置文件，显示配置变更的详细信息，帮助管理员了解配置变更的历史记录。

多厂商支持：尽管最初设计用于 Cisco 设备，但 RANCID 已经扩展支持其他厂商的设备，例如 Juniper、HP 等，使其成为跨厂商网络设备配置备份的理想选择。

邮件通知：RANCID 可以配置为在配置发生变化时发送邮件通知给管理员，及时告知配置更改情况，以便及时响应和管理。

2.Kiwi CatTools

Kiwi CatTools 是一款用于自动化网络设备配置备份和管理的工具，支持多种网络设备的备份和恢复操作。它提供了一个集中化的管理界面，管理员可以轻松地管理和监控网络设备的配置文件。

Kiwi CatTools 的主要特点包括：

自动化配置备份：Kiwi CatTools 可以定期登录到网络设备上，备份设备的配置文件，并将其存储在安全的位置，以防止配置丢失或损坏。

多种设备支持：Kiwi CatTools 支持多种网络设备的备份和恢复操作，包括路由器、交换机、防火墙等，覆盖了大多数常见的网络设备类型。

配置变更检测：Kiwi CatTools 可以检测配置文件的变更，并生成变更报告，显示配置变更的详细信息，帮助管理员了解配置变更的情况。

定制化任务和计划：管理员可以根据实际需求创建自定义的备份任务和计划，灵活管理和监控网络设备的配置文件。

二、选择与应用指南

选择合适的网络管理工具需要考虑以下因素：

（一）需求分析

1. 监控需求分析

在进行网络管理工具选择之前，我们首先需要进行监控需求分析。这包括确定监控对象（如网络设备、服务器、应用程序等）、监控指标（如网络流量、CPU 利用率、响应时间等）、监控频率及报警策略等。明确监控需求有助于选择适合的监控工具，确保能够满足实际的监控需求。

2. 配置需求分析

配置需求分析是确定网络设备配置管理的具体需求。这包括配置备份、配置变更管理、配置一致性检查等方面的需求。管理员需要考虑网络设备的类型和数量、配置管理的流程和策略等因素，以选择适合的配置管理工具。

3. 安全需求分析

安全需求分析是确定网络安全管理的具体需求。这包括网络安全监测、入侵检测和防御、漏洞管理等方面的需求。管理员需要评估网络的安全风险和威胁，并选择适合的安全管理工具来保护网络资源和数据安全。

4. 性能优化需求分析

性能优化需求分析是确定网络性能优化的具体需求。这包括网络性能监测、性能瓶颈分析、性能优化建议等方面的需求。管理员需要评估网络的性能瓶颈和优化空间，并选择适合的性能优化工具来提高网络性能和效率。

（二）网络规模

1. 小型网络

对于小型网络，网络管理工具的选择可以更加灵活，可以考虑一些简单易用、成本较低的工具，如 Zabbix、Ansible 等。这些工具可以满足小型网络的基本管理需求，同时也能够在有限的资源下实现网络管理的自动化和优化。

2. 中型网络

对于中型网络，网络管理工具的选择需要考虑网络规模的扩展性和管理的复杂性。我们可以选择一些功能较为完善、支持多种网络设备和服务的工具，如 Nagios、Puppet 等。这些工具具有较强的灵活性和可扩展性，能够满足中型网络的管理需求。

3. 大型网络

对于大型网络，网络管理工具的选择至关重要，需要考虑网络规模的复杂性和管理的挑战。我们可以选择一些专业化的、企业级的网络管理平台，如 SolarWinds、Splunk 等。这些工具具有强大的功能和性能，能够满足大型网络的高级管理和监控需求，并支持分布式部署和集中化管理。

（三）技术支持

1. 厂商支持

选择网络管理工具时，我们需要考虑厂商的技术支持和服务水平。优先选择那些有良好技术支持体系和持续更新维护的厂商，以确保在使用过程中能够及时获取帮助和支持。

2. 社区活跃程度

此外，我们还需要考虑工具的社区活跃程度。一个活跃的社区意味着有更多的用户和开发者参与，可以获取更多的帮助和资源。因此，选择那些有活跃社区的开源工具或有大型用户群体的商业工具会更有利于长期地使用和维护。

（四）成本效益

1. 软件许可费用

在考虑成本效益时，我们需要评估网络管理工具的软件许可费用。一些商业工具可能需要支付高昂的许可费用，而一些开源工具则可能是免费的或具有较低的成本。管理员需要综合考虑工具的功能和性能，以及与预算的匹配程度，选择最具成本效益的工具。

2. 部署和维护成本

除了软件许可费用外，我们还需要考虑工具的部署和维护成本。一些工具可能需要额外的硬件和人力资源来部署和维护，这也会增加总体成本。因此，在选择网络管理工具时，我们需要综合考虑部署和维护成本，并选择那些能够提供最低总体成本的工具。

第二节 开源与商业网络管理平台

一、开源网络管理平台介绍

开源网络管理平台具有开放源代码、免费获取和社区支持等特点，常见的平台包括：

（一）OpenNMS

1. 简介

OpenNMS 是一个强大的开源网络管理解决方案，旨在为企业和服务提供商提供可扩展的监控、告警和故障管理功能。作为一个完全开源的平台，OpenNMS 提供了丰富的功能和灵活的架构，使其成为企业级网络管理的首选。

2. 主要特点

（1）监控功能

OpenNMS 能够监控各种网络设备和服务，包括路由器、交换机、服务器、应用程序等，提供实时的性能数据和状态信息。

（2）告警管理

OpenNMS 支持灵活的告警管理功能，可以根据预先设定的条件和策略生成告警，并及时通知管理员，帮助快速响应和解决问题。

（3）故障管理

OpenNMS 提供故障管理功能，能够自动发现网络故障和异常，并记录和跟踪故障处理过程，帮助管理员及时恢复网络服务。

（4）自动发现和拓扑映射

OpenNMS 支持自动发现网络设备和服务，并生成网络拓扑图，帮助管理员了解网络结构和关系。

（5）可扩展性

OpenNMS 具有高度可扩展的架构，支持插件和扩展，管理员可以根据实际需求定制和扩展功能。

（二）Cacti

1. 简介

Cacti 是一个基于 RRDTool 的开源网络图表工具，主要用于绘制网络设备的性能图表和报告。它提供了直观的图形界面和丰富的功能，使管理员能够轻松地监视和分析网络设备的性能指标。

2. 主要特点

（1）图表绘制

Cacti 能够绘制各种类型的性能图表，包括带宽利用率、CPU 利用率、内存使用率等，帮助管理员了解网络设备的运行状况。

（2）数据存储

Cacti 使用 RRDTool 进行数据存储和图表生成，能够高效地存储大量的性能数据，并生成多种时间范围的图表。

（3）定制化模板

Cacti 提供了丰富的图表模板和插件，管理员可以根据实际需求定制和扩展图表功能，满足不同用户的需求。

（4）用户管理

Cacti 支持多用户管理和权限控制，管理员可以设置不同用户的访问权限和操作权限，保护性能数据的安全性和隐私性。

（三）Grafana

1. 简介

Grafana 是一个开源的指标分析和可视化工具，主要用于实时监控和分析系统和应用程序的性能数据。它支持多种数据源和可视化方式，能够帮助管理员直观地了解系统的运行状态和性能指标。

2. 主要特点

（1）多数据源支持

Grafana 支持多种数据源，包括 Graphite、InfluxDB、Prometheus 等，能够集成和展示来自不同数据源的性能数据。

（2）灵活地可视化

Grafana 提供了丰富的可视化选项，包括折线图、柱状图、饼图等，管理员可以根据实际需求选择合适的可视化方式。

（3）仪表板和报告

Grafana 支持创建仪表板和报告，管理员可以自定义仪表板和报告布局，展示关键的性能指标和数据趋势。

（4）告警通知

Grafana 支持设置告警规则，并通过电子邮件、Slack 等方式发送告警通知，帮助管理员及时发现和解决问题。

（四）LibreNMS

1. 简介

LibreNMS 是一个自动化的网络监控系统，旨在提供实时的性能数据和设备状态监测。作为一个开源的平台，LibreNMS 具有简单易用、灵活扩展和强大功能的特点，受到了广泛的欢迎。

2. 主要特点

（1）自动发现和监控

LibreNMS 能够自动发现网络设备和服务，并实时监控设备的性能数据和状态信息，包括网络流量、CPU 利用率、接口状态等。

（2）报警管理

LibreNMS 支持设置告警规则和通知方式，可以根据设定的条件生成告警，并及时通知管理员，帮助快速响应和解决问题。

（3）图形化界面

LibreNMS 提供直观的图形化界面，管理员可以通过仪表板和图表查看设备的性能数据和趋势，便于了解网络运行状况。

二、商业平台特点与选择

（一）商业网络管理平台具有以下特点

1. 专业功能

商业网络管理平台通常提供更多专业功能，包括：

（1）网络自动化

商业网络管理平台通常具有自动化配置和管理功能，可以自动执行配置更改、设备部署和故障排除操作，减少了管理员的手动操作和人为错误。

（2）配置管理

这些平台提供了全面的配置管理功能，包括配置备份、版本控制、变更管理等，有助于确保网络设备的一致性和合规性。

（3）流量分析

商业网络管理平台提供了高级的流量分析功能，能够深入分析网络流量的来源、目的、协议和应用程序，帮助管理员了解网络的使用情况和性能瓶颈。

（4）性能监控

这些平台能够实时监控网络设备和服务的性能指标，包括带宽利用率、CPU 利用率、内存使用率等，有助于及时发现和解决性能问题。

2. 技术支持

商业网络管理平台通常提供全面的技术支持，包括：

（1）在线文档和培训

商业网络管理平台提供详尽的在线文档和培训资源，帮助管理员快速上手并充分利用平台的功能。

（2）电话支持

这些平台提供电话支持服务，管理员可以随时拨打客服电话寻求帮助和解决问题。

（3）维护服务

商业网络管理平台通常提供定期的维护服务，包括软件更新、安全补丁和性能优化，确保系统的稳定性和安全性。

3. 安全性

商业网络管理平台通常具备较高的安全性，包括：

（1）安全审计

这些平台提供安全审计功能，记录和跟踪管理员的操作，确保系统的安全性和合规性。

（2）漏洞检测

商业网络管理平台能够检测网络设备和服务的漏洞和弱点，及时发现和修补安全漏洞，保护网络免受威胁和攻击。

（3）身份验证

这些平台支持多种身份验证机制，包括单一登录、多因素认证等，确保只有授权用户能够访问系统和数据。

4. 可扩展性

商业网络管理平台通常具备良好的可扩展性，包括：

（1）集中化管理

这些平台支持集中化管理多个网络设备和服务，管理员可以通过一个统一的界面管理和监控整个网络环境。

（2）系统集成

商业网络管理平台能够与其他系统和工具集成，如监控系统、IT 服务管理系统等，实现信息共享和自动化操作。

（3）定制化开发

这些平台提供 API 和插件开发工具，允许管理员根据实际需求定制和扩展功能，满足特定的监控需求和业务场景。

（二）商业网络管理平台的选择

在选择商业网络管理平台时，有几个方面我们需要考虑：

1. 功能需求

在选择商业网络管理平台之前，我们首先需要明确组织的具体需求和目标。根据组织的规模、行业特点和网络架构，确定所需的功能和特性。这包括：

监控功能：确保平台能够提供全面的网络监控功能，包括实时性能监控、设备状态监控、应用程序监控等。

配置管理：确保平台支持自动化的配置管理功能，能够对网络设备进行配置备份、变更管理和审计跟踪。

安全管理：确保平台具备强大的安全管理功能，包括漏洞管理、安全审计、身份验证和访问控制等。

报警和通知：确保平台能够及时发现并报警网络故障和安全事件，并支持多种通知方式，如电子邮件、短信、手机应用程序等。

2. 预算限制

商业网络管理平台通常需要付费购买和维护，因此需要根据组织的预算限制做出选择。在选择平台之前，我们需要评估不同平台的成本、许可证模式和额外费用，确保平台的价格符合财务预算。

除了购买和维护费用外，我们还需要考虑到培训和技术支持的成本。有些平台可能需要额外支付培训费用，以确保管理员能够熟练使用平台的功能。同时，我们需要评估厂商提供的技术支持服务，确保能够及时获得帮助和支持。

3. 可行性评估

在选择商业网络管理平台之前，我们需要进行可行性评估，评估平台的易用性、部署难度和集成性能。一个易于使用和集成的平台可以减少管理工作并提高效率，从而节省时间和成本。

可行性评估还包括评估平台的性能和可靠性。我们需要了解平台的性能表现，确保能够满足组织的监控需求，并评估平台的稳定性和可靠性，以确保系统能够持续稳定地运行。

4. 厂商信誉与支持

在选择商业网络管理平台时，我们需要考虑厂商的信誉和技术支持能力。选择知名度高、具有良好声誉和可靠技术支持的厂商，可以提高平台的可靠性和稳定性，并确保能够及时获得支持和保持系统安全。

我们需要了解厂商的产品更新频率、补丁支持等信息，以及其提供的技术支持服务包括何种范围，是否覆盖到所需的时间段和地理位置。

第三节　自动化与智能化网络管理

一、自动化概念与原理

自动化网络管理是指利用软件和脚本等技术手段，自动执行网络管理任务和流程，提高管理效率和准确性的过程。其原理包括：

（一）自动化任务定义

1. 抽象网络管理任务

首先，我们需要对常见的网络管理任务和流程进行抽象和定义。这些任务可能包括设备配置、故障排除、性能监控、安全审计等。

2. 制定自动化任务列表

基于抽象的网络管理任务，形成自动化任务列表。这些任务应该清晰明确，包括任务的名称、描述、执行条件、执行步骤等信息。

（二）脚本和工具编写

1. 选择编程语言或自动化工具

根据自动化任务的性质和需求，选择合适的编程语言或自动化工具。常用的编程语言包括 Python、Bash 等，常用的自动化工具包括 Ansible、Puppet、Chef 等。

2. 编写脚本或程序

使用选定的编程语言或自动化工具，编写脚本或程序来实现自动执行网络管理任务。这些脚本或程序应该能够根据任务列表中的定义，自动完成相应的操作和流程。

（三）调度和执行

1. 设置调度器或任务调度系统

为自动化任务设置调度器或任务调度系统，用于定时或触发执行自动化任务。调度器应该能够根据预设的时间表或事件触发条件，自动启动相应的任务。

2. 执行自动化任务

在调度器的管理下，自动化任务将按照预定的时间表或事件触发条件，自动执行。这些任务可以在网络设备、服务器、应用程序等各个层面进行。

（四）异常处理和报告

1. 监控执行过程

在自动化任务执行过程中，我们需要对异常情况进行监控。这可能包括任务执行失败、超时、返回异常结果等情况。

2. 异常处理

一旦发生异常情况，系统应该能够及时响应并进行相应的处理。这可能包括重新执行任务、发送警报通知管理员等。

3. 生成执行报告

每次自动化任务执行完成后，我们应该生成执行报告。报告应包括任务执行的详细信息，包括执行结果、耗时、异常情况等，以便后续分析和优化。

二、智能化网络管理趋势

智能化网络管理是指利用人工智能、机器学习等技术手段，对网络数据进行分析和处理，实现网络管理的智能化和自适应的过程。其趋势包括：

（一）预测性分析

1. 机器学习算法应用

机器学习算法在网络管理中的应用已成为当前网络技术发展的重要趋势之一。通过对历史数据的分析和建模，这些算法能够预测网络性能和故障发生的可能性，为网络管理人员提供了一种全新的管理方式。在这个过程中，监控网络设备的性能指标、流量模式和行为等数据被视为机器学习算法的输入，经过算法的处理和分析，可以得出对未来网络状态的预测。这种预测性分析的应用，使得网络管理人员能够提前发现潜在的问题，并采取相应的措施进行预防，从而最大限度地降低网络故障对业务的影响。

例如，通过监控网络设备的各项性能指标，比如带宽利用率、CPU 利用率、内存使用率等，机器学习算法可以学习到这些指标的变化规律，并建立预测模型。当模型发现某个性能指标异常变化时，它就能够预测到可能发生的网络故障或性能下降，从而及时发出警报并采取相应的措施，如调整网络配置、增加资源等，以避免故障的发生或减轻故障造成的影响。

机器学习算法还可以对网络流量模式和行为进行分析，识别异常流量和恶意行为，从而预测网络安全威胁的可能性。通过对网络数据的深度学习和模式识别，算法可以发现隐藏在数据中的规律和异常行为，为网络安全防御提供更加智能和及时的支持。例如，当机器学习算法检测到异常的数据传输模式或大量的异常请求时，它就可以立即触发安全警报，并采取相应的防御措施，如阻止数据包传输、关闭被攻击的端口等，以保护网络安全。

2. 提前预防问题

预测性分析在网络管理中的应用不仅仅是为了识别已经发生或正在发生的问题，更重要的是能够提前预防潜在的问题。通过对历史数据的深度分析和建模，预测性分析可以揭示出网络运行中潜在的异常趋势和风险信号，从而使网络管理人员能够及早采取相应的措施来预防问题的发生。

例如，当预测性分析模型发现网络设备的性能指标出现异常变化或趋势时，网络管理人员可以推断出可能会出现的故障或性能下降，并提前进行设备维护。这种提前预防措施可以包括定期检查和维护网络设备，对设备进行软硬件升级或更换，以确保其正常运行和稳定性。

预测性分析还可以指导网络管理人员调整网络配置，以适应未来可能的变化和需求。例如，当预测模型发现网络流量呈现出增长的趋势时，网络管理人员可以提前调整网络带宽或增加服务器容量，以满足未来的流量需求，从而避免网络拥塞和性能下降。

预测性分析还可以帮助网络管理人员识别潜在的安全威胁和风险。通过对网络流量模式和行为的分析，预测性分析可以发现异常的网络流量模式或恶意行为，从而及时采取相应的安全措施，加强网络安全防御，防止网络遭受攻击或泄露敏感数据。

（二）自适应优化

1. 实时网络状态监测

实时网络状态监测是一种重要的网络管理策略，通过利用实时的网络状态和环境变化数据，系统可以动态地调整网络配置和资源分配，以实现网络的自适应优化和性能提升。这种监测系统能够不断地获取网络设备、链路和应用程序的运行状态，并根据这些实时数据作出相应的调整，以适应网络环境的变化和需求的变化。

实时网络状态监测的核心思想是通过持续不断地监控网络设备和链路的性能指标，比如带宽利用率、延迟、丢包率等，以及应用程序的运行状态，比如服务器负载、响应时间等，来实时了解网络的运行情况。同时，监测系统还可以获取与网络相关的环境变化数据，如用户数量、流量模式等。基于这些实时数据，监测系统可以分析当前网络的状态，发现潜在的问题和瓶颈，并采取相应的措施进行优化和调整。

在实时网络状态监测的框架下，自适应优化策略得以实施。这包括自动调整带宽分配，根据实时的流量情况和需求变化，动态地分配带宽资源，以保证关键应用的服务质量和用户体验。此外，监测系统还可以优化路由选择，根据网络拓扑和流量负载情况，自动选择最佳的数据传输路径，以降低网络延迟和丢包率，提高网络的性能和可靠性。

实时网络状态监测系统的应用场景广泛，可以用于企业内部网络、数据中心、云计算环境等各种网络环境中。通过及时发现和响应网络问题，实时网络状态监测系统可以帮助网络管理人员及时采取措施，防止网络故障的扩大和影响。

2. 智能负载均衡

智能负载均衡是一种重要的网络管理策略，通过利用智能化网络管理系统，我们可以根据实时的负载情况自动调整流量分布，以确保网络资源的合理利用和负载均衡，从而提高网络的性能和稳定性。这种负载均衡系统通过监控网络设备、服务器和应用程序的负载状态，以及网络流量的分布情况，实时了解网络的负载情况和资源利用率。基于这些实时数据，系统可以采取相应的措施进行负载均衡调整，以优化网络的性能。

智能负载均衡系统的核心思想是根据实时负载情况和资源利用率，动态地调整流量分发策略，使得网络中的各个节点和资源得到合理利用，并且保持负载均衡。这包括根据服务器负载情况，动态地调整流量的分布，以避免某些服务器负载过重而导致性能下降；根据网络流量的分布情况，调整路由策略，使得流量能够合理地分布到各个网络链路和节点上，从而减少拥塞和延迟，提高网络的稳定性和可用性。

智能负载均衡系统的应用范围广泛，可以用于各种网络环境和应用场景中，包括企业内部网络、数据中心、云计算平台等。通过实时监测和调整流量分布，智能负载均衡系统可以帮助组织提高网络的性能和稳定性，确保关键应用的服务质量，同时还可以降低网络资源的浪费和成本，提高网络的利用效率。

（三）智能安全防御

1. 实时监测和分析

实时监测和分析在网络安全管理中扮演着至关重要的角色。借助机器学习和行为分析技术，网络管理员可以对网络流量和用户行为进行实时监测和分析，以及时发现并应对各种安全威胁和攻击行为。这种实时监测和分析系统可以识别出异常的流量模式、恶意软件和入侵行为，从而帮助组织及时采取相应的措施加以应对，保障网络安全。

实时监测和分析系统的核心思想是通过对网络流量和用户行为进行深度分析，发现其中的异常和异常行为，从而及时警示网络管理员并采取相应的应对措施。其中，机器学习技术可以用于构建模型，对网络流量进行分析，识别出异常的流量模式，如大规模数据包洪泛、DDoS 攻击等，并及时发出警报。此外，行为分析技术可以监测用户的行为模式，识别出异常的用户行为，如异常登录、大量文件下载等，从而及时发现可能存在的安全威胁。

在实时监测和分析系统中，我们还可以结合其他安全技术，如入侵检测系统（IDS）、防火墙等，共同构建多层次的安全防御体系。通过将实时监测和分析系统与其他安全设备集成，我们可以实现对网络安全事件的全面监控和快速响应，从而提高网络的安全性和抗攻击能力。

实时监测和分析系统的应用范围广泛，可以用于企业内部网络、数据中心、云计算平台等各种网络环境中。通过及时发现和应对安全威胁和攻击行为，实时监测和分析系统可以帮助组织保护敏感数据、防止服务中断，并最大程度地降低网络安全风险。

2. 自适应安全策略

自适应安全策略是智能化网络管理系统中的关键组成部分，它利用实时的安全威胁情报和网络流量分析结果，自动调整安全策略和防御措施，以应对不断变化的安全威胁。这种安全策略的自适应性使得网络能够更加灵活地应对不断演变的威胁环境，从而提高了网络的安全性和可靠性。

自适应安全策略的实现依赖于多种技术手段，其中包括实时安全威胁情报的收集和分析、网络流量的深度分析及安全策略的动态调整。首先，智能化网络管理系统通过与安全情报机构和安全厂商合作，及时获取最新的安全威胁情报，包括恶意软件样本、漏洞信息、攻击活动等。其次，系统利用机器学习和数据挖掘技术对这些安全情报进行分析，识别出潜在的安全威胁和攻击行为。再次，系统对网络流量进行实时监测和分析，识别出异常的流量模式和行为特征。最后，系统根据安全威胁情报和网络流量分析结果，自动调整安全策略和防御措施，加强对潜在攻击的防御，提高网络的安全性。

自适应安全策略的核心思想是在不断变化的安全威胁环境下，通过实时的安全情报分析和网络流量监测，及时发现并应对潜在的安全威胁和攻击行为。这种自适应性使得网络能够更加灵活地调整安全策略，根据实际情况进行动态防御，从而保护网络免受各种安全威胁的侵害。

自适应安全策略的应用范围广泛，可以用于企业内部网络、数据中心、云计算平台等各种网络环境中。通过实时的安全情报分析和网络流量监测，自适应安全策略可以帮助组织及时发现并应对各种安全威胁和攻击行为，保护网络的安全和稳定运行。

（四）自动化决策

1. 智能算法应用

智能算法在网络管理中的应用已经成为提高管理效率和网络性能的重要手段。通过智能算法和规则引擎，网络管理系统能够自动分析和处理各种网络管理事件和异常情况，从而减少人工干预和响应时间，提高网络的可靠性和稳定性。这种智能算法的应用包括

自动化的故障诊断、配置调整和性能优化等多个方面。

首先，智能算法可以自动进行故障诊断，通过分析网络设备和链路的运行状态，识别出潜在的故障点和问题，从而帮助网络管理员快速定位和解决问题。例如，系统可以根据设备的日志信息和性能指标，利用机器学习算法和规则引擎进行故障诊断，快速判断出可能的故障原因，并提供相应的解决方案。

其次，智能算法还可以自动调整网络配置，根据网络流量和性能数据，动态地调整网络设备的参数和设置，以优化网络的性能和资源利用率。例如，系统可以根据实时的流量负载情况，自动调整带宽分配和路由策略，以确保关键应用的服务质量，并提高网络的吞吐量和响应速度。

最后，智能算法还可以进行性能优化，通过分析网络设备和应用程序的性能数据，识别出潜在的性能瓶颈和优化点，从而提出相应的优化建议和措施。例如，系统可以根据应用程序的性能指标，自动调整服务器资源的分配和负载均衡策略，以提高应用程序的响应速度和稳定性。

2. 自动化工作流程

自动化工作流程在智能化网络管理系统中扮演着重要的角色，它通过预设的规则和策略，实现了网络管理任务和流程的自动执行，从而显著减轻了管理员的工作负担，提高了管理效率和准确性。这种自动化工作流程涵盖了网络管理的各个方面，包括监控、配置、安全、性能优化等多个领域。

首先，自动化工作流程可以实现监控任务的自动化。通过设置预警规则和阈值，系统能够自动监控网络设备和连接的状态、性能及可用性。一旦检测到异常情况，系统会自动触发相应的警报机制，通知管理员进行处理，从而及时发现并解决网络问题。

其次，自动化工作流程可以实现配置管理的自动化。管理员可以预先设置好网络设备的配置模板和规则，系统会自动根据这些规则来配置和管理网络设备，确保设备的一致性和合规性，同时减少了手动配置的错误和疏漏。

再次，自动化工作流程还可以实现安全管理任务的自动化。系统可以自动识别和应对安全威胁，执行安全策略和防御措施，从而保护网络免受各种攻击和威胁。例如，系统可以自动检测恶意流量和入侵行为，并及时阻止和隔离攻击者，确保网络的安全性。

最后，自动化工作流程还可以实现性能优化的自动化。通过分析网络性能数据和流量模式，系统可以自动识别性能瓶颈和优化点，提出相应的优化建议和措施，从而提高网络的性能和响应速度，确保关键应用的顺畅运行。

（五）跨领域集成

1. 物联网整合

物联网技术的发展已经为网络管理带来了新的机遇和挑战。通过将网络管理与物联网技术相结合，我们可以实现对物联网设备的智能管理和监控，从而实现更加智能化的网络管理。这种物联网整合可以在多个方面带来显著的好处。

（1）实现对物联网设备的集中管理和监控

传统的网络管理系统主要针对传统的网络设备，对于物联网设备的管理相对较弱。通过物联网整合，我们可以将物联网设备纳入统一的管理平台，实现对这些设备的集中管理、监控和控制。管理员可以通过统一的界面查看物联网设备的状态、性能和配置信息，及时发现并解决问题，提高网络管理的效率和准确性。

（2）实现对物联网数据的实时分析和应用

物联网设备产生的海量数据可以为网络管理提供更加丰富的信息，包括设备运行状态、环境监测数据等。通过物联网整合，我们可以将这些数据与网络管理系统相结合，实现对物联网数据的实时分析和应用。管理员可以通过分析这些数据，了解网络设备的运行情况，预测可能发生的问题，从而采取相应的措施进行调整和优化。

（3）实现网络管理与业务应用的深度融合

物联网设备通常用于支持各种业务应用，如智能家居、智能工厂等。通过将网络管理与物联网技术相结合，我们可以将网络管理与业务应用深度融合，实现网络管理的智能化和自适应化。例如，在智能家居场景下，我们可以通过物联网整合实现对家庭网络设备的智能管理和监控，确保网络的稳定性和安全性，提高用户体验。

2. 大数据分析应用

大数据分析技术在网络管理领域的应用日益成为关注的焦点。通过利用大数据分析技术对网络数据进行深度挖掘和分析，我们可以发现隐藏在数据中的潜在价值和规律，为网络管理决策提供更加科学和有效的支持。这种应用不仅可以提高网络管理的效率和准确性，还可以帮助组织更好地理解和利用网络资源，优化网络性能，提升用户体验。

（1）发现网络运行的规律和趋势

通过收集和分析海量的网络数据，我们可以了解网络设备的运行状态、用户行为、流量模式等信息，从而发现网络运行中存在的规律和趋势。例如，通过分析网络流量数据，我们可以了解网络的高峰时段和低谷时段，以及不同应用程序的流量分布情况，从而合理调整网络资源的分配和配置，提高网络的利用率和性能。

（2）识别网络中的异常情况和潜在风险

网络中存在各种各样的异常情况，如网络拥塞、安全漏洞、恶意攻击等，这些异常情况可能会导致网络故障和安全问题。通过大数据分析，我们可以及时发现这些异常情况，并采取相应的措施进行处理。例如，通过分析网络流量数据和日志数据，我们可以识别出异常流量模式和异常访问行为，从而及时采取防御措施，保护网络免受攻击和威胁。

（3）优化网络资源的分配和利用

通过分析用户行为和应用程序的需求，我们可以了解用户的偏好和行为习惯，从而优化网络资源的分配和配置，提高用户体验。例如，通过分析用户的访问模式和行为数据，我们可以优化服务器的负载均衡策略，提高服务器的响应速度和稳定性，从而提升用户的满意度和忠诚度。

第八章 综合分析与展望

第一节 网络管理与安全

一、计算机网络中的信息安全管理

计算机网络在医院信息化建设中发挥着至关重要的作用，它不仅提高了医院的工作效率，也为医院提供了更加便捷的医疗服务。但是，随着网络技术的不断发展，医院也面临着越来越多的网络安全问题。例如，病人个人信息泄露、网络攻击、病毒感染等问题，这些问题不仅对医院信息安全造成威胁，也对医疗工作产生了不良影响。为了保障医院信息安全，我们必须采取一系列的网络安全措施，其中计算机网络安全管理技术是最为重要的一环。

（一）计算机网络安全管理技术在医院中的应用现状与存在的问题

1. 应用现状

计算机网络安全管理技术在医院中应用已经很广泛。主要体现在以下方面：

首先，医院采取了安装网络安全设备的措施，包括但不限于防火墙、入侵检测系统、数据加密设备等。这些设备的应用有效地防范了网络攻击和信息泄露的风险，为医院信息资产提供了强有力的保护。

其次，医院在网络安全管理方面重视人员配备和培训、建立了专门的网络安全管理部门，负责网络安全的监控、维护和管理工作。同时，医院也积极开展网络安全培训活动，提升员工的安全意识和技能水平，使他们能够更好地应对网络安全威胁和风险。

最后，医院还建立和完善了网络安全管理制度。通过制定完整的网络安全管理制度，医院明确了网络安全的责任分工和管理流程，规范了网络安全行为和管理流程，有效地保护了医院的信息安全。这些制度的建立和完善为医院网络安全提供了坚实的法律和制度保障，为网络安全工作的开展提供了有力支持。

2. 存在的问题

（1）技术更新速度慢的问题

在医院中广泛应用的计算机网络安全管理技术存在着技术更新速度慢的问题，这主要受到医疗行业特殊性的影响。医院作为特殊行业，对于新技术的应用相对保守，更新速度相对较慢，导致网络安全技术的更新迭代跟不上行业发展的步伐，从而使得网络安全面临较大的挑战。具体表现在以下几个方面：

①技术应用滞后

医疗行业对于新技术的应用速度相对较慢，这导致网络安全技术在医院中的应用滞后于行业发展的需要。例如，新兴的网络安全防御技术可能由于医院对技术更新的迟缓而未能及时应用，从而使得医院网络安全面临新的风险挑战。

②安全漏洞风险增加

技术更新速度慢可能导致已知漏洞未及时修复，从而增加了医院网络安全面临的风险。随着黑客攻击技术的不断演进，已知漏洞往往会被黑客利用，造成网络安全事故。因此，技术更新速度慢会使得医院的网络安全面临更大的挑战。

③应对新威胁的能力不足

技术更新速度慢也会导致医院网络安全团队对于新型安全威胁的认知不足，从而难以有效应对新的安全威胁。随着网络攻击手段的不断演变，传统的安全防御手段可能已经不再适用，而对于新的安全威胁的防范需要依赖于更新的技术手段和方法。

（2）人才短缺和信息孤岛问题

在医院网络安全管理中，存在着人才短缺和信息孤岛问题，这进一步加剧了医院网络安全面临的挑战。

①人才短缺

医院网络安全管理需要专业的人才进行管理和维护，然而在医院中缺乏专业的网络安全人才，这是一个困扰医院网络安全管理的重要问题。由于网络安全的专业性较强，相关人员需要具备深厚的技术功底和丰富的实践经验，缺乏专业人才会导致网络安全管理的难度增加，使得医院更容易受到安全威胁的侵害。

②信息孤岛问题

在医院中，不同系统之间往往存在信息孤岛问题，即各个系统之间缺乏统一的安全管理。这意味着医院的不同部门或系统可能采用不同的安全管理标准和措施，存在信息隔离和难以统一管理的情况。这种信息孤岛问题容易造成安全漏洞和信息泄露，这使得医院网络安全面临更大的挑战。

（二）计算机网络安全管理技术在医院中的应用策略和方法

计算机网络安全管理技术在医院中的应用策略和方法包括：身份认证、加密技术、安全事件响应机制、信息孤岛解决方案等。

1. 采用综合安全技术

为了维护医院网络的安全性，我们必须采用一系列综合的安全技术和措施。这些技术涵盖了防火墙、入侵检测系统、数据加密等多个方面，通过对它们的综合应用来保护医院的网络系统。这些安全技术在不同的层面对网络进行保护，从而提高了网络的整体安全性，减少了网络受到攻击和信息泄露的风险。综合应用这些技术可以有效地提高网络的安全性和可靠性，确保医院的信息系统能够稳定运行，同时也保障了患者的信息安全。通过综合应用多种安全技术，我们可以构建一个多重防御的网络安全体系，从而更好地应对各种网络安全威胁和攻击。

2. 建立网络安全管理团队

为了确保医院网络安全，我们应该成立网络安全管理团队，负责监控、维护和管理网络安全。此外，加强网络安全培训也至关重要，以增强员工的安全意识和技能水平，使他们能够更好地识别和应对网络安全威胁。这将有助于减少由于人为操作不当而导致的网络安全问题，提高医院的整体安全性。

3. 建立完善的网络安全管理制度

为了保障医院网络的安全，我们必须建立起完善的网络安全管理制度。这一制度应当清晰地规定网络安全的责任分工和管理流程，确保每个相关方都清楚自己在网络安全中的职责和义务。在这一制度下，医院需要制定明确的安全标准和规范，确保网络安全措施的实施和执行符合标准。同时，我们还需要建立网络安全风险评估机制，定期对网络系统进行评估和检测，及时发现并解决潜在的网络安全隐患。所有员工都应当接受相关的网络安全培训，增强其网络安全意识和技能，确保能够按照规定履行各项安全管理流程。通过建立完善的网络安全管理制度，医院能够更加有效地管理和保护网络安全，降低网络安全事件发生的概率，从而保障医院的信息安全。

4. 采用安全加固技术

为了加强医院网络的安全防护，我们可以采用安全加固技术，其中包括加强密码管理和访问控制等措施。通过加强密码管理，医院可以确保用户账户和敏感信息的安全，防止密码被猜测或者盗用。同时，建立严格的访问控制机制，限制用户对网络资源的访问权限，确保只有授权人员能够访问敏感数据和系统资源。这些安全加固技术可以有效地降低网络安全风险，保护医院的重要信息不受不法分子的侵害，确保医院信息的完整性和机密性。通过应用这些安全加固措施，医院网络的安全性和可靠性将得到提高，进一步提升患者的信任和满意度，有助于保护医院的声誉。

5. 建立信息共享机制

医院应该建立信息共享机制，以便实现不同系统之间的信息共享和安全管理，避免信息孤岛问题。通过共享信息，医院可以更好地进行资源整合和优化管理，提高信息利用率和工作效率。同时，建立安全管理机制可以保护共享的信息免受不良因素的干扰和威胁，确保信息的安全性和可靠性。这些举措将有助于医院更好地管理信息，并且在保护患者隐私和保密信息的同时，更好地提供优质的医疗服务。

6. 建立应急响应机制

为了应对可能发生的网络安全事件，医院应该建立完善的网络安全事件应急响应机制，明确事件处理的流程和责任人。通过建立这样的机制，医院可以在网络安全事件发生时快速响应，采取有效的措施来应对和处理，从而降低事件对医院信息系统的影响。这种应急响应机制可以帮助医院更加及时地发现、应对和解决网络安全问题，保护医院信息系统的稳定运行和数据安全。因此，建立应急响应机制是保护医院信息安全的重要措施之一。

7. 加强身份认证技术

为了提高医院信息系统的安全性，我们可以采用双因素认证、单点登录等技术来加强对内部人员和外部访问者身份的认证和授权。这些技术可以有效地防止未经授权的人员访问医院信息系统，保护医院的信息安全。在采用这些技术的同时，我们还需要建立完善的管理流程和制度，加强对网络安全事件的监控和应急响应能力，及时发现和处理网络安全威胁，保障医院信息系统的稳定和安全运行。

计算机网络安全是医院信息化建设中不可或缺的一环，其对提高医院工作效率和保障病人安全具有至关重要的意义。然而，医院网络安全面临着技术更新速度快、缺乏专业人才、信息孤岛问题等诸多挑战。为了提高医院的网络安全保障水平，医院应该采取多种措施，包括综合应用安全技术，建立网络安全管理团队，建立完善的网络安全管理制度，采用安全加固技术，建立信息共享机制等。同时，医院应该加强网络安全意识教育，推广网络安全管理理念，增强员工的安全意识和应对能力。我们只有采取综合措施，加强网络安全管理，才能更好地保护医院信息安全，确保医疗服务的顺畅进行。

二、计算机网络安全与风险管理

（一）计算机网络安全管理的特点

计算机网络安全管理过程比较复杂，系统性和连贯性兼具，其中包含多项技术的结合，不仅仅有操作技术，还涉及一些编程技术。

1. 计算机网络安全管理的复杂性和系统性

计算机网络安全管理涉及多个方面，包括网络设备配置、安全策略制定、漏洞修补、事件响应等。这些方面相互关联，构成了一个复杂的系统。例如，配置网络设备需要考虑网络拓扑结构、访问控制列表等因素，而安全策略的制定则需要根据实际情况。因此，计算机网络安全管理具有系统性和连贯性，需要综合考虑各个方面的因素。

在计算机网络安全管理中，多种技术相互结合，形成了多层次的安全防御体系。这些技术包括防火墙、入侵检测系统、数据加密、身份认证等。这些技术不仅仅是单一的操作原理，还涉及一定程度的编程技术，例如，配置防火墙需要编写访问控制列表规则，而部署入侵检测系统则需要编写检测规则。因此，计算机网络安全管理需要掌握多种技术，

并将它们有效地结合起来应用于实际操作中。

不同单位在进行网络安全建设时，其需求可能存在差异。因此，在构建网络安全与管理环节时，我们需要根据实际需求来进行操作。有些单位可能更加关注数据安全，需要加强数据加密和访问控制；而有些单位可能更加关注系统安全，需要加强漏洞修补和事件响应。因此，计算机网络安全管理需要综合考虑各种因素，根据具体情况制定相应的安全策略和措施。

2. 计算机网络安全管理的必要性和有效性

计算机网络安全管理的目的在于保证日常工作顺利推进。随着计算机技术的广泛应用，网络安全已成为单位日常运行的重要保障。只有确保网络安全，才能保证信息的安全传输和存储，提高工作效率和质量。

计算机技术的发展使得网络攻击的手段日益复杂，网络安全形势日益严峻。因此，开展计算机网络安全管理工作是必要的。只有制定有效的安全策略、采用先进的安全技术，才能有效应对各种网络安全威胁，保障信息系统的安全和稳定运行。

计算机网络安全管理是一项持续的工作。随着网络环境的变化和攻击手段的更新，网络安全管理也需要不断地进行调整和优化。因此，只有通过持续不断地加强网络安全管理，才能有效地应对不断变化的网络安全挑战，保护信息系统的安全。

3. 借助计算机网络安全管理的必要性

计算机网络安全管理可以提供强大的安全保障。建立完善的网络安全体系，可以有效防范各种网络攻击和威胁，保障信息系统的稳定运行。

计算机网络安全管理可以提高信息系统的可靠性和稳定性。通过采用先进的安全技术和管理策略，我们可以降低网络安全风险，减少信息系统遭受攻击的可能性，提高信息系统的可靠性和稳定性。

计算机网络安全管理可以促进信息共享和协作。通过确保信息系统的安全，我们可以提高用户对信息的信任度，促进信息共享和协作，进一步提升事业单位的工作效率和效益。

（二）事业单位计算机网络安全管理中的问题

事业单位本身具有特殊性，开展的工作对于人们的日常生活具有重要意义。事业单位的工作比较复杂，程序有一些烦琐，有些事情是保密的，不能泄露出去，所以网络安全管理十分重要。虽然事业单位已经依托互联网技术搭建了网络安全平台，工作方式已经实现了一定现代化，但是这同时也增加了信息泄露的风险。当代网络环境比较复杂，形势较为特殊，出现了很多影响网络安全的因素，例如黑客、病毒等。如果事业单位的计算机网络安全存在缺陷，就会发生安全事故，很多重要信息都会被泄露出去，事业单位对于群众的公信力大大下降，严重情况下还会影响人们的生活。因此，事业单位需要尊重群众，为群众服务，在稳定网络安全管理环境下做好本职工作。

1. 日常维护

在事业单位的计算机网络安全管理中，日常维护是一个不容忽视的重要环节。尽管我们已经采取了一定的安全措施，但随着计算机系统长时间运行，常常会出现各种问题，影响系统的正常运作。这些问题可能包括系统缓慢、程序崩溃、安全漏洞等，部分是由于系统中存在的垃圾文件或过期数据积累所致。这些问题的产生直接影响到了事业单位日常工作的开展，因此，注重日常维护对于确保网络环境的稳定和安全至关重要。

当前阶段，许多事业单位尚未建立专业的网络安全管理部门，缺乏专门的维护人员对网络环境进行定期维护和管理。这导致了系统在长时间运行后可能出现无序状态，增加了网络安全风险。在这种情况下，机关单位平日所使用的网络系统往往是专门为其定制的，根据单位的实际使用需求进行配置。然而，由于缺乏专业的维护人员，网络系统往往难以及时进行优化和修复，存在着潜在的安全隐患。

对于现代事业单位而言，其工作已经逐步依赖于网络环境，因此，维护网络的稳定性和安全性显得尤为重要。通过加强日常维护工作，包括定期清理垃圾文件、更新安全补丁、优化系统配置等，我们可以有效地降低系统出现故障和安全漏洞的风险，保障网络环境的稳定运行。

2. 计算机网络的安全管理

计算机网络安全管理工作的复杂性和系统性使其成为现代事业单位不可或缺的重要组成部分。在当今信息化时代，计算机网络已经成为事业单位不可或缺的基础设施，而网络安全问题的日益突出也引起了广泛的关注。事业单位对于计算机网络安全管理的要求不断提高，这反映了安全建设在现代社会中的关键性地位。

首先，计算机网络安全管理工作的复杂性主要体现在安全威胁的多样性和变化性上。随着网络技术的不断发展和应用，网络安全面临的威胁也日益复杂和多样化，包括网络病毒、恶意软件、黑客攻击等。这些安全威胁往往具有隐蔽性和破坏性，可能给事业单位的信息系统造成严重的损失和影响。

其次，计算机网络安全管理工作需要建立完善的管理体系。这一管理体系包括制定网络安全政策、规范网络安全行为、建立安全监控和响应机制等多个方面。制定明确的网络安全政策和规范是保障网络安全的基础，可以指导员工的行为和操作，减少安全风险的发生。同时，建立健全的安全监控和响应机制可以及时发现和应对安全事件，最大程度地减少损失。

计算机网络安全管理工作还需要充分利用先进的技术手段和工具。随着技术的不断进步，各种先进的安全技术和工具不断涌现，包括防火墙、入侵检测系统、安全审计工具等。这些技术手段可以帮助事业单位建立起强大的网络防御体系，提高网络的安全性和稳定性。

3. 专业的计算机网络安全管理人员

计算机网络安全管理工作的顺利推进离不开专业人员的支撑，尤其是需要具备高水

平技术和操作能力的专业人员。然而，在事业单位中，尽管有参与网络技术工作的人员，但拥有高水平技术和强大操作能力的专业人员却相对稀缺。这种情况的出现主要源于招聘策略与实际需求之间的脱节。在招揽人才时，虽然机关单位会对技术水平提出要求，但往往没有明确将目标岗位定位为计算机网络安全管理，这导致了人才分散、工作职责模糊的局面，影响了事业单位的网络安全管理工作。

事实上，招聘专业的网络安全管理人员对于事业单位的网络安全工作至关重要。专业人员具有深厚的网络安全知识和丰富的实践经验，能够有效地应对各种网络安全挑战，包括计算机病毒、黑客攻击、数据泄露等问题。他们能够利用先进的技术手段和工具，对网络进行全面的监控和防御，及时发现并解决潜在的安全隐患，最大程度地保障事业单位信息系统的安全稳定运行。

招聘专业的网络安全管理人员还能够提高事业单位对网络安全问题的应对能力。他们不仅能够规避安全风险，阻止潜在的网络攻击，还能够快速响应网络安全事件，最大限度地减少安全事件对事业单位工作的影响。通过专业人员的专业技能和专业服务，事业单位能够建立起更加健全和完善的网络安全管理体系，提高网络安全防护水平，确保信息系统的稳定运行和数据的安全保密。

4. 计算机网络安全管理观念

在事业单位中，存在着对计算机网络安全管理重要性认识不足的问题，这主要源于领导人员对于计算机网络安全管理意义的认知滞后。事业单位在计算机网络安全管理方面的观念落后可能导致对网络安全问题的忽视，进而增加了网络安全风险。虽然计算机网络在事业单位中的应用范围广泛，能够有效提升工作人员的业务能力并优化工作流程，但是如果忽视了网络安全问题，可能会导致严重的安全事故，甚至威胁到事业单位的正常运行。

事业单位领导人员应当认识到计算机网络安全管理的重要性。首先，计算机网络已经成为事业单位工作中不可或缺的一部分，其覆盖面广泛，可以提高工作效率和服务水平。然而，随着网络的扩张和数据的增加，网络安全问题也愈发凸显，一旦发生安全漏洞或攻击事件，可能会导致严重的数据泄露、信息损失等后果，严重影响事业单位的声誉和业务运作。

其次，事业单位在使用计算机网络的同时，必须加强对网络安全意识的培养和管理。除了享受计算机网络带来的便利之外，事业单位还应当重视网络安全问题，提升员工的网络安全意识，加强网络安全培训和教育，让每位员工都能够正确识别网络安全风险，并采取相应的防范措施，保障网络的安全稳定运行。

在事业单位共用网络系统的情况下，我们需要强化网络监管和管理措施，避免因不当使用而引发网络安全问题。建立完善的网络安全管理制度和机制，明确网络安全责任和管理流程，制定安全标准和规范，建立网络安全风险评估机制，及时发现和解决潜在的网络安全问题，是保障事业单位网络安全的关键措施。

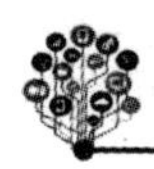

（三）应对的策略：加强计算机网络安全管理意识

1. 加强网络安全管理意识

在当今事业单位的计算机网络环境中，加强网络安全管理意识已成为一项至关重要的任务。事业单位面临着日益复杂的网络安全威胁，而工作人员的网络安全意识直接影响着整个网络系统的安全性和稳定性。因此，开办网络安全管理课程，成为加强网络安全管理意识的有效途径。

这些网络安全管理课程应由经验丰富的专家或资深网络安全从业人员授课，确保课程内容的专业性和可信度。课程内容应全面涵盖网络安全的基本知识、常见威胁和攻击方式、安全意识培养等方面。通过系统的培训，工作人员可以逐步了解网络安全的重要性，认识到网络安全威胁的严峻性，并掌握日常维护网络安全所需的基本技能。

定期举办此类网络安全管理培训活动对于提升工作人员的网络安全意识至关重要。通过定期培训，工作人员可以不断更新自己的网络安全知识，了解最新的安全威胁和防范措施，提高对网络安全事件的识别和应对能力。此外，培训活动，还可以加强工作人员之间的交流与合作，形成共同致力于网络安全的意识和行动。

2. 构建网络安全管理系统

为推进事业单位网络安全维护工作的顺利进行，建立完善的网络安全管理系统至关重要。这一系统应该是一个综合性的框架，涵盖了网络安全政策、流程、技术和人员等多个方面，以确保网络安全工作的全面覆盖和有效执行。

首先，网络安全政策是网络安全管理系统的基础。网络安全政策应当明确事业单位的网络安全目标和责任分工，规定各级管理人员和员工在网络安全方面的职责和义务。通过制定网络安全政策，我们可以使得整个组织对于网络安全问题形成共识，并为后续的网络安全管理工作提供指导和依据。

其次，网络安全流程是确保网络安全管理系统有效运行的关键。网络安全流程包括一系列的操作步骤和管理程序，涉及网络安全监测、事件响应、风险评估等方面。这些流程的建立和执行可以帮助事业单位及时发现和应对网络安全问题，减轻潜在安全风险对组织的影响。

再次，网络安全技术也是网络安全管理系统中不可或缺的组成部分。事业单位可以采用防火墙、入侵检测系统、数据加密等各种网络安全技术来加固网络安全防线，防范各类网络攻击和威胁。这些技术的应用可以有效保护事业单位的网络系统，确保其正常运行和数据安全。

最后，配备专业的网络安全管理人员也是构建网络安全管理系统的重要环节。这些专业人员负责监控网络安全状态，及时发现并解决安全问题，保障网络的稳定运行。他们应该具备丰富的网络安全知识和技能，能够应对各种复杂的网络安全威胁和攻击。

3. 引入专业的计算机网络安全管理人员

为了提高计算机网络安全管理的专业水平，事业单位可以引入专业的计算机网络安

全管理人员。这些专业人员应当具备丰富的网络安全管理经验和专业知识，能够有效应对各类网络安全威胁和风险。他们可以负责制定网络安全策略和措施，监控网络安全状态，及时发现并应对安全事件，保障事业单位网络的安全稳定。专业的计算机网络安全管理人员在网络安全方面拥有深厚的专业知识和丰富的实践经验，能够根据事业单位的实际情况，量身定制适合的网络安全解决方案，提高网络安全防护水平。同时，他们还可以为工作人员提供专业的网络安全培训和指导，包括网络安全意识培养、安全操作规范、安全技能训练等方面，提升工作人员的网络安全意识和技能水平。通过引入这些专业人员，事业单位可以有效提升网络安全管理水平，加强对网络安全问题的防范和应对能力，确保事业单位网络系统的安全稳定运行，保护重要信息资产不受损失和泄露。

第二节　网络管理与安全发展趋势

一、技术趋势展望

未来网络管理与安全的发展趋势包括：

（一）智能化网络管理

智能化网络管理是利用人工智能和机器学习技术实现网络管理自动化、智能化的一种趋势。随着人工智能和机器学习技术的不断进步，智能化网络管理已经成为未来网络管理与安全的主流趋势。这种趋势为网络管理带来了许多创新和改进，提高了网络管理的效率、准确性和安全性。

1. 自动化运维

传统的网络管理方式通常需要管理员手动识别和解决网络故障，这种方法不仅费时费力，而且容易出现错误。随着智能化网络管理系统的出现，这一状况正在发生改变。智能化网络管理系统利用智能算法和自动化技术，能够自动识别和解决网络故障，从而减少了人工干预和管理成本，同时提高了网络的稳定性和可靠性。

智能化网络管理系统的关键在于其集成了各种智能算法和自动化工具，以实现自动化运维。这些算法和工具可以对网络设备和流量进行实时监测和分析，快速检测出潜在的故障和问题，并自动采取相应的措施进行修复。例如，系统可以自动识别设备故障或异常流量，并立即启动备用设备或调整网络配置，以确保网络的正常运行。

自动化运维的另一个关键特点是其对故障诊断和问题解决的快速响应能力。传统的手动处理方式可能需要管理员花费大量时间来诊断问题并采取适当的措施，而智能化系统可以在几秒钟内自动完成这些任务。这不仅提高了故障的解决速度，还降低了系统因故障而停机的风险。

智能化网络管理系统还具有学习和优化的能力。系统可以根据历史数据和经验不断优化自身的运行策略，提高故障诊断和解决的准确性和效率。通过不断学习和改进，系统可以逐渐适应不断变化的网络环境，保持网络运行的稳定性和可靠性。

2. 预测性维护

预测性维护是指利用机器学习模型对历史数据进行分析，并据此预测设备可能发生的故障或性能下降趋势，从而提前采取维护措施，以降低系统故障的风险和维护成本。在网络管理领域，预测性维护的应用已经成为提高网络稳定性和可靠性的重要手段之一。

基于机器学习模型的网络管理系统能够利用大量的历史数据，如设备运行状态、性能指标、故障记录等，对网络设备的运行情况进行分析和建模。通过对这些数据的深入挖掘和分析，系统可以发现设备可能存在的潜在问题和异常趋势，进而预测未来可能发生的故障或性能下降情况。这种预测能力使得网络管理人员能够提前采取维护措施，避免设备由于故障而造成的服务中断和业务损失。

预测性维护的实施过程通常包括以下几个关键步骤。首先，系统收集并整理历史数据，包括设备运行日志、性能监测数据等。其次，利用机器学习算法对这些数据进行分析和建模，以识别出潜在的故障模式和异常趋势。再次，系统根据模型预测未来可能出现的故障或性能下降情况，并生成维护计划。最后，网络管理人员根据预测结果采取相应的维护措施，如定期检查设备、更换易损部件等，以确保网络设备的正常运行。

3. 智能安全分析

智能安全分析是一种基于机器学习和行为分析技术的网络安全防御手段，旨在识别并应对网络中的安全威胁和攻击行为。随着网络安全威胁的不断演变和增加，传统的安全防御手段已经难以满足日益复杂的网络环境和攻击形式。因此，智能化网络管理系统的出现填补了传统安全防御手段的不足，为网络安全提供了更加智能、高效的解决方案。

智能安全分析系统利用机器学习算法对网络流量和设备行为进行实时监测和分析。通过分析大量的网络数据流量、日志信息及设备行为数据，系统可以构建出网络的行为模型和异常行为特征，从而识别出潜在的安全威胁和攻击行为。这些机器学习模型可以自动学习和识别不同类型的攻击模式，包括恶意软件传播、异常数据包流量、未经授权的访问行为等。

智能安全分析系统的优势在于其能够实现实时监测和快速响应，有效提高了网络安全的监测和响应能力。相比于传统的基于签名的安全防御方法，智能安全分析系统能够更加灵活地应对未知的、新型的安全威胁，从而提高了网络的安全性和抵御能力。此外，智能安全分析系统还具有较低的误报率和较高的准确性，可以有效减少安全团队的虚警负担，提高了安全事件的处理效率。

4. 智能优化

智能优化是指利用智能化的算法和技术对网络资源进行动态调整和优化，以提高网络的性能和吞吐量。传统的网络管理往往采用静态配置和手动调整的方式，无法适应网络流量的动态变化和复杂性，导致资源利用率低下和性能下降。智能化的网络管理系统通过实时监测和分析网络流量和负载情况，能够根据实际需求自动调整网络资源的分配

和配置，以实现最佳的网络性能和资源利用效率。

智能优化的核心思想是根据实时的网络流量和负载情况进行动态调整，以满足网络的需求。通过对网络流量的监测和分析，系统可以识别出网络中的瓶颈和性能瓶颈，并根据实际情况调整网络设备的配置和资源分配，以提高网络的性能和吞吐量。例如，在网络负载较高时，系统可以自动调整带宽分配，增加带宽资源以应对高峰流量，从而保障网络的稳定性和可靠性。

智能优化不仅可以提高网络的性能和吞吐量，还可以降低网络的能耗和运维成本。通过优化网络资源的分配和利用，系统可以有效减少资源的闲置和浪费，提高了网络的能效和运行效率。同时，智能优化还能减少管理员的手动干预和管理成本，提高了网络管理的自动化水平和效率。

（二）软件定义网络（SDN）

软件定义网络（SDN）是一种将网络控制平面与数据转发平面分离的网络架构，通过集中式的控制器来实现对整个网络的集中管理和控制。未来，SDN 技术将在网络管理与安全领域发挥重要作用，具体体现在以下方面：

1. 网络灵活性与可编程性

软件定义网络（SDN）架构的出现使得网络设备的控制逻辑可以通过软件进行灵活配置和编程，从而实现了对网络的动态调整和优化。传统的网络架构中，网络设备的控制逻辑通常是固化在设备硬件中的，这限制了网络的灵活性和可编程性。而 SDN 将网络控制平面（Control Plane）和数据转发平面（Data Plane）分离开来，将网络控制逻辑集中在中央控制器（Controller）中，通过控制器与网络设备之间的通信来实现对网络的控制和管理。

网络的灵活性体现在 SDN 架构下的几个方面。首先，SDN 允许网络管理员通过编写控制逻辑的软件程序，对网络进行灵活配置和管理。这意味着管理员可以根据实际需求，动态地调整网络的行为和策略，而不需要手动配置每个网络设备。其次，SDN 架构使得网络的控制逻辑与底层设备解耦，网络功能可以根据需要进行组合和定制，从而实现了更加灵活的网络架构和功能部署。此外，SDN 还支持网络功能的虚拟化和网络服务的弹性部署，这进一步提高了网络的灵活性和可调度性。

可编程性是 SDN 架构的另一个重要特点。SDN 允许管理员通过编程语言或开放的应用程序接口（API）来编写网络控制逻辑，从而实现对网络的灵活编程和定制化。这意味着管理员可以根据实际需求和业务场景，开发自定义的网络应用程序或服务，从而实现对网络的个性化定制和优化。例如，管理员可以编写自动化的网络管理脚本或应用程序，实现对网络的自动化运维和优化，提高网络的可管理性和可维护性。同时，SDN 架构还支持网络功能的动态加载和升级，管理员可以根据需要灵活地部署和更新网络功能，以适应不断变化的业务需求和网络环境。

2. 统一的管理平台

软件定义网络（SDN）控制器为网络管理提供了一个统一的管理平台，极大地简化了网络管理的复杂度。传统的网络管理通常涉及多个不同厂商的设备，每种设备都有自己独特的管理接口和命令，导致了管理的分散和复杂。SDN 控制器的出现改变了这种局面，它提供了一个统一的管理接口，使得网络管理员可以通过集中的控制平台对整个网络进行统一管理和监控。

通过 SDN 控制器提供的统一管理接口，网络管理员可以实现对网络设备的集中管理和配置。无论是交换机、路由器还是其他网络设备，管理员都可以通过 SDN 控制器进行管理，而无须关注设备之间的差异性。这使得网络管理变得更加简单和高效，减少了管理人员的工作量和管理成本。

SDN 控制器还提供了丰富的网络监控和分析功能，管理员可以通过控制平台实时监控网络的运行状态、流量情况及设备健康状况等。通过集中的监控界面，管理员可以快速发现网络中的问题并采取相应的措施进行处理，提高了网络的可靠性和稳定性。

SDN 控制器还具有灵活性和可扩展性。由于 SDN 控制器还具有架构设计灵活，管理员可以根据实际需求对控制器进行定制和扩展，以满足不同场景下的网络管理需求。管理员可以根据自己的需求集成第三方应用程序或开发自定义的网络管理功能，从而进一步提升管理平台的功能和性能。

3. 网络安全策略的实时调整

软件定义网络（SDN）架构的出现为网络安全策略的实时调整提供了新的解决方案。在传统网络中，安全策略通常是静态的，网络管理员需要手动配置和更新防火墙规则、访问控制列表（ACL）等安全策略，这种方式难以应对网络流量的动态变化和新型安全威胁的出现。而 SDN 架构通过将网络控制逻辑集中在中央控制器中，并通过控制器与网络设备之间的通信来实现对网络的动态控制和管理，为实时调整安全策略提供了技术支持和保障。

在 SDN 架构下，网络安全策略可以基于实时的网络流量情况进行智能调整。SDN 控制器可以实时监测网络流量，并根据流量的特征和行为进行分析和识别。例如，控制器可以识别异常的流量模式、大规模的数据包发送及其他可能的攻击行为。一旦发现异常流量或潜在的安全威胁，SDN 控制器可以立即采取相应的措施来调整安全策略，例如阻止源 IP 地址、限制特定端口的访问或调整流量转发路径等，以阻止安全威胁的传播和攻击的发生。

另外，SDN 架构还支持基于策略的安全管理。管理员可以通过 SDN 控制器定义和管理安全策略，并将其应用到整个网络或特定的网络区域。这些安全策略可以基于流量特征、用户身份、应用程序类型等多种因素进行定义，并根据实时的网络状态和安全事件进行动态调整。管理员可以灵活地根据实际需求更新和调整安全策略，以适应不断变化的安

全威胁和网络环境。

（三）边缘计算与物联网安全

随着边缘计算和物联网的快速发展，越来越多的设备和传感器连接到网络中，形成了庞大的物联网系统。这种趋势对网络管理与安全提出了新的挑战和需求，未来的发展方向包括：

1. 边缘设备安全

边缘设备在未来的网络环境中扮演着越来越重要的角色，然而，它们也因其特殊的性质而成为网络安全的薄弱环节。边缘设备通常具有较低的计算能力和存储资源，其操作系统和软件可能存在漏洞或弱点，容易成为攻击者入侵的目标。由于边缘设备分布广泛、数量庞大，并且往往处于相对孤立的环境中，因此保护这些设备的安全至关重要。

未来的网络管理需要更多关注边缘设备的安全性和管理。一方面，我们可以通过加强边缘设备的物理安全措施，例如安装防水、防尘、防破坏的外壳，避免设备被非法入侵或物理损坏。另一方面，我们需要加强对边缘设备的网络安全保护。这包括采取强化的身份验证措施，确保只有授权用户可以访问设备；加密数据传输，防止数据在传输过程中被窃取或篡改；以及及时更新设备的软件和固件，修补已知的安全漏洞，提高系统的安全性。

为了更好地管理边缘设备的安全，我们可以借助网络安全技术和解决方案。例如，我们可以部署边缘设备安全网关或防火墙，对设备的流量进行监控和过滤，及时发现和阻止恶意流量。另外，我们采用行为分析和威胁监测技术，对边缘设备的行为进行实时监测和分析，及时发现异常行为和安全威胁。

2. 物联网安全协议

未来的物联网安全将更加重视安全协议的设计和实现。安全协议在物联网系统中扮演着至关重要的角色，它们定义了数据传输、身份认证、访问控制等安全机制，是保护物联网系统安全性和隐私性的基础。在未来的物联网环境中，安全协议将面临更加复杂和多样化的安全威胁，因此需要不断创新和完善，以应对不断变化的安全挑战。

（1）身份认证

合适的身份认证机制可以确保只有经过授权的设备和用户才能访问物联网系统，防止未经授权的访问和数据泄露。未来的物联网安全协议可能采用更加先进的身份认证技术，如基于生物特征的认证、多因素认证等，以提高身份认证的安全性和准确性。

（2）数据加密

通过对数据进行加密处理，我们可以防止数据在传输过程中被窃取、篡改或伪造，保护数据的机密性和完整性。未来的物联网安全协议可能会采用更加高效和安全的加密算法，以应对日益复杂的网络攻击和安全威胁。

（3）安全通信

安全通信技术可以确保数据在物联网设备之间的传输过程中受到保护，防止中间人攻击和数据劫持等安全问题。未来的物联网安全协议可能会采用端到端的安全通信机制，加强物联网设备之间的安全通信，提高数据传输的安全性和可靠性。

3. 安全边缘计算

在边缘计算环境下，安全管理面临着诸多挑战和需求，需要结合边缘计算的特点，研究和开发适合边缘环境的安全解决方案。边缘计算将计算和数据处理推向网络边缘，使得数据在离用户更近的地方进行处理和存储，从而降低了延迟、提高了响应速度。然而，边缘计算环境也带来了一系列安全性和隐私性挑战。

（1）数据隐私保护

由于边缘设备部署在用户周围的物理环境中，处理和存储着用户的数据，因此我们必须采取有效的措施保护数据的隐私安全，防止数据泄露和非法访问。在设计边缘计算系统时，我们需要考虑数据的加密、访问控制、安全传输等方面的安全机制，以保障用户数据的安全性和隐私性。

（2）边缘设备身份认证

边缘计算涉及大量分布式的边缘设备，这些设备需要相互认证并建立安全信任关系，以确保系统中的每个节点都是可信的。因此，边缘计算系统需要采用安全的身份认证机制，确保边缘设备的身份和权限受到有效控制和管理。

（3）边缘网络流量监测

由于边缘计算环境具有分布式、动态性和异构性等特点，因此我们需要实时监测和分析边缘网络流量，及时发现并应对潜在的安全威胁和攻击行为。边缘网络流量监测可以帮助识别异常流量模式、检测网络攻击和入侵行为，从而保障边缘计算环境的安全运行。

二、发展方向与挑战

未来网络管理与安全面临的挑战包括：

（一）复杂网络环境

企业网络规模扩大与多样化：随着企业业务的发展，网络规模不断扩大，涉及多个地区、多个部门的网络连接，形成了复杂的网络拓扑结构。这种多样化的网络环境使得网络管理和安全面临更多挑战，需要更智能、更自动化的解决方案。

随着云计算和边缘计算的快速发展，企业网络环境变得更加动态和灵活，传统的网络管理和安全模式已经不再适用。未来网络管理需要更加关注云端和边缘设备的管理，实现整个网络环境的统一管理和安全防护。

（二）安全威胁不断演变

1. 新型攻击技术的出现

随着技术的不断发展，网络安全领域也面临着新型攻击技术的不断涌现。这些新型攻击技术通常具有更高的隐蔽性、复杂性和破坏性，对传统的安全防御手段构成了更大的挑战。其中，零日漏洞攻击和人工智能攻击是近年来备受关注的两大新型攻击手段。

首先，零日漏洞攻击是指黑客利用尚未被软件厂商修复的漏洞，对系统或应用进行攻击。这类攻击对于防御方来说极具挑战性，因为漏洞尚未被发现和修复，传统的安全防御措施无法阻止这种攻击。零日漏洞攻击往往难以被检测到，攻击者可以在系统内潜伏较长时间，窃取敏感信息或进行其他恶意行为，造成严重的安全风险。

其次，人工智能攻击是指黑客利用人工智能技术对系统进行攻击或欺骗。人工智能的发展为黑客提供了更多攻击手段和工具，例如使用机器学习算法生成虚假数据、识别系统漏洞、自动化攻击等。人工智能攻击具有更高的智能化和自适应性，能够迅速适应防御方的反应，并不断改变攻击策略，增加了防御的难度。

面对这些新型攻击技术的威胁，传统的安全防御手段显得力不从心。因此，网络安全领域需要不断改进和创新安全技术，以适应新型攻击的挑战。这包括加强漏洞管理和，，修复机制，提高系统的安全性和稳定性;引入新的安全技术，如基于行为分析的安全防御、人工智能驱动的安全监测和响应系统等，增强对新型攻击的检测和应对能力；加强安全意识教育，增强用户和管理人员的安全意识，减少安全漏洞的发生和被利用。

2. 大数据安全挑战

随着大数据技术的广泛应用，企业面临着大量敏感数据的存储和处理，如客户信息、财务数据、商业机密等。这些数据的安全性和隐私保护成为企业和组织面临的重要挑战。大数据安全挑战主要体现在以下几个方面：

（1）数据泄露风险

大数据存储了大量的敏感信息，一旦遭受黑客攻击或内部人员的不当操作，就可能导致数据泄露。泄露的数据可能会被用于恶意目的，如身份盗窃、欺诈行为等，对企业和个人造成严重损失。

（2）数据安全性问题

大数据平台通常由分布式系统组成，存在着数据传输、存储和处理过程中的安全漏洞。攻击者可以利用这些漏洞来获取敏感数据或破坏系统正常运行，对数据安全造成威胁。

（3）数据隐私保护难题

在大数据环境下，数据通常来自多个来源，包括社交媒体、传感器、日志文件等，涉及的个人隐私信息较多。如何有效地保护这些数据的隐私性，避免被滥用或泄露，是一个亟待解决的问题。

3. 人工智能与机器学习在网络安全中的应用

人工智能（AI）和机器学习（ML）技术在网络安全领域的应用具有双重性质，既可以用于提升安全防御和检测能力，也可能被黑客利用来发动攻击。因此，未来网络安全需要加强对人工智能和机器学习算法的研究和防御，以防止其被恶意利用。

（1）人工智能和机器学习在网络安全中的应用有助于提高安全防御的智能化水平

通过对大量的网络数据进行分析和学习，人工智能和机器学习算法可以发现网络中的异常行为和潜在的安全威胁，从而实现实时监测和快速响应。例如，基于机器学习的入侵检测系统可以通过分析网络流量和用户行为，识别出异常流量模式和可能的入侵行为。此外，人工智能还可以用于自动化安全事件的响应和处置，加快安全事件的处理速度，降低对人工干预的依赖。

（2）人工智能和机器学习技术的应用也存在着安全风险

黑客可以利用对抗性机器学习技术来欺骗和规避传统的安全防御系统。例如，他们可以通过修改攻击样本，使其绕过机器学习算法的检测，从而成功发动攻击。此外，黑客还可以利用生成对抗网络（GAN）等技术生成虚假的数据，混淆安全系统的判断，导致误报或漏报。因此，网络安全领域需要加强对人工智能和机器学习技术的理解和研究，发展相应的对抗性技术，提高安全系统的鲁棒性和抵抗力。

第三节　研究结论与展望

一、研究总结

通过对网络管理与安全的深入分析，我们发现当前网络管理工具和技术已经在一定程度上解决了企业面临的网络管理挑战。然而，尽管已经取得了一定进步，但仍存在一些需要改进和突破的问题。其中，最为显著的是面临的网络环境越来越复杂化的挑战。随着企业规模的不断扩大和业务的多样化发展，网络拓扑结构变得越来越庞大和复杂，这给传统的网络管理和安全带来了更多的困难和挑战。同时，新型的安全威胁也在不断涌现，如零日漏洞攻击、人工智能攻击等，这些攻击手段的不断演进对企业的网络安全带来了严峻的挑战。

然而，尽管面临诸多挑战，未来网络管理与安全的发展方向是乐观的。智能化、自动化和软件化将成为未来网络管理与安全的主要发展趋势。随着人工智能和机器学习技术的不断进步，智能化网络管理将成为主流，智能算法可以实现自动化决策和网络优化，从而提高网络管理的效率和准确性。此外，软件定义网络（SDN）等新技术的应用将为网络管理提供更灵活和可编程的解决方案，使得网络管理更加智能化和自动化。

二、未来工作展望

未来的工作重点包括：

（一）技术创新与研发

在当前快速变化的网络环境下，推动网络管理和安全技术的持续创新和研发至关重要。随着企业网络规模的不断扩大和业务的不断增加，传统的网络管理和安全手段已经无法满足日益复杂的需求。因此，我们需要不断提升技术水平，开发出更加智能、自动化的网络管理工具和解决方案，以应对未来网络环境的挑战。

技术创新和研发的关键在于充分利用前沿技术和理论，将其应用于实际网络管理和

安全场景中。其中，人工智能和机器学习技术的应用将成为未来网络管理和安全的重要方向。通过利用人工智能算法，我们可以实现网络数据的智能分析和预测，及时发现潜在的安全威胁和网络故障，从而提高网络管理的效率和准确性。另外，自动化技术也是推动网络管理和安全技术创新的关键因素之一。通过自动化工具和流程，我们可以减少人为操作的错误，提高响应速度，降低网络管理的成本。

软件定义网络（SDN）和网络功能虚拟化（NFV）等新技术的应用也将为网络管理和安全带来全新的解决方案。SDN 的出现将网络控制平面和数据转发平面分离，实现了网络管理的集中化和自动化，使得网络更加灵活和可编程。NFV 则可以将网络功能虚拟化为软件实例，从而实现网络功能的快速部署和灵活调整，提高了网络管理的灵活性和效率。

（二）人才培养与团队建设

加强人才培养和团队建设是确保网络管理与安全领域持续发展的关键举措。在当前快速变化的网络环境下，具备网络管理与安全领域专业知识和技能的人才需求日益增长，而有效的人才培养和团队建设则能够为企业和组织提供源源不断的专业人才支持，以更好地应对日益复杂的网络管理和安全挑战。

首先，人才培养是提升团队整体能力和水平的基础。通过建立完善的人才培养体系，包括专业课程培训、实践项目实训、行业认证考试等，我们可以培养出具备扎实理论基础和实践能力的网络管理与安全专业人才。这些人才不仅具备网络基础知识和技能，还具备网络安全防御、安全监控、应急响应等方面的专业能力，能够全面应对复杂的网络环境和安全威胁。

其次，团队建设是提升整个团队协作和创新能力的关键。一个高效的团队应该具备良好的沟通合作能力、快速问题解决能力及持续学习和创新的意识。因此，通过团队建设活动，如团队培训、团队合作项目、团队建设活动等，我们可以增强团队成员之间的凝聚力和信任感，促进知识和经验的共享，提升团队整体的工作效率和质量。

最后，跨学科的人才培养和团队建设也是未来发展的趋势之一。随着网络管理与安全领域的不断拓展和深化，我们需要培养具备跨学科知识和技能的复合型人才，如网络工程师兼具网络安全专业知识、安全分析师兼具数据分析和统计学知识等。因此，通过搭建跨学科的人才培养和团队建设平台，我们可以为团队成员提供更广阔的发展空间和机会，推动团队整体能力的进一步提升。

参考文献

[1] 李曼媛 . 计算机网络安全技术在电子商务中的应用 [J]. 现代营销（下旬刊），2020（7）：98-99.

[2] 石俊涛，范玉红，刘尚慧，等 . 计算机网络安全与漏洞防范技术研究 [J]. 软件，2020，41(2)：273-275.

[3] 王文韬 . 计算机网络通信协议验证技术的有机运用 [J]. 通信电源技术，2020，37(3)：199-200.

[4] 彭宁 . 关于计算机网络通信协议验证技术的探讨 [J]. 计算机产品与流通，2019(3)：44.

[5] 时静晨 . 计算机网络技术在电子信息工程中的应用 [J]. 数字通信世界，2018(10)：192.

[6] 蔡文郁，刘晓玲 . 计算机网络启发式 NS-3 仿真案例教学模式 [J]. 实验室研究与探索，2018，37(9)：95-100.

[7] 黄永兢，徐东海，孟浩 . 嵌入式软件测试方法策略 [J]. 电脑编程技巧与维护，2017（9）：40-42.

[8] 朱晓敏 . 软件测试的相关技术应用研究 [J]. 电子测试，2017(1)：122-123.

[9] 淡海英 . 关于软件测试技术的工作流程解析 [J]. 工业仪表与自动化装置，2016(5)：20-21.

[10] 武昭宇，张月琴 . 阎华 . 软件测试方法的研究与应用 [J]. 太原理工大学学报，2016，47(3)：379-383.

[11] 党佳奇 . 计算机软件技术中信息特殊性技术分析 [J]. 产业创新研究，2022(24)：78-80.

[12] 墙浩煊 . 大数据技术在计算机信息安全中的应用研究 [J]. 自动化应用，2022(12)：97-100.

[13] 谢强 . 网络安全探讨大数据技术及其在计算机信息系统中的运用 [J]. 电脑编程技巧与维护，2017(4)：86-87.

[14] 张磊，李静，曾成，等 . 计算机网络安全中的数据加密技术策略 [J]. 电子技术，2022，51(11)：264-265.

[15] 姚尧，陈亮 . 大数据视域下的计算机网络安全研究 [J]. 信息通信，2018，31(12)：193-194.

[16] 胡冬冬，覃学武 . 浅谈大数据技术应对网络安全威胁 [J]. 广西通信技术，2018(3)：49-51.

[17] 杨子辰 . 大数据时代计算机网络信息安全及防护策略 [J]. 科技传播，2018，10(16)：136-137.

[18] 赵静，刘宇 . 大数据技术在计算机网络入侵检测中的研究 [J]. 网络新媒体技术，2018，7(4)：45-49.

[19] 王祥，李红娟，薛承梦，等 . 大数据技术在电子政务领域的应用 [J]. 电子技术与软件工程，2018(12)：158-160.

[20] 余翼 . 大数据时代的计算机网络安全及防范措施探析 [J]. 智库时代，2019(38)：12.